# 湖北省

# 农业自然灾害防灾减灾

# 技术手册

湖北省农业农村厅◎主编

长江出版传媒

湖北科学技术出版社

**图书在版编目（ＣＩＰ）数据**

湖北省农业自然灾害防灾减灾技术手册 / 湖北省农
业农村厅主编． -- 武汉 ： 湖北科学技术出版社,2022.3
　　ISBN 978-7-5352-4357-7

　　Ⅰ．①湖… Ⅱ．①湖… Ⅲ．①农业－自然灾害－灾害
防治－湖北－手册 Ⅳ．①S42-62

　　中国版本图书馆 CIP 数据核字 (2021) 第 239605 号

策划编辑：章雪峰　　邓　涛
责任编辑：王小芳　　赵襄玲　　　　　　　　封面设计：胡　博

| 出版发行：湖北科学技术出版社 | 电　话：027-87679468 |
| 地　　址：武汉市雄楚大街 268 号 | 邮　编：430070 |
| （湖北出版文化城 B 座 13-14 层） | |
| 网　　址：http：//www.hbstp.com.cn | |
| 印　　刷：湖北新华印务有限公司 | 邮编：430035 |

| 710×1000 | 1/16 | 10.75 印张 | 250 千字 |
| 2022 年 3 月第 1 版 | | 2022 年 3 月第 1 次印刷 | |
| | | | 定价：45.00 元 |

# 《湖北省农业自然灾害防灾减灾技术手册》

## 编　委　会

主　　编：吴祖云

副　主　编：肖长惜

编写人员：（按姓氏笔画为序）

| | | | |
|---|---|---|---|
| 万元香 | 王小燕 | 王血红 | 邓红军 |
| 付　锋 | 向长海 | 刘　敏 | 刘志雄 |
| 齐森林 | 孙　阳 | 孙　琛 | 李　鹏 |
| 杨兴柏 | 杨志远 | 杨金智 | 杨俊杰 |
| 杨艳斌 | 吴勇刚 | 汪海洋 | 张泰武 |
| 张琼华 | 陈星霖 | 罗　昆 | 周　坚 |
| 周开平 | 郝　苗 | 钟育海 | 段　毅 |
| 顾见勋 | 徐　健 | 高广金 | 郭光理 |
| 梅少华 | 崔清梅 | 雷书彦 | 熊　飞 |

# 编写说明

农业是在自然环境条件下生产的产业，农业生产过程就是与自然界博弈的过程，我国是一个自然灾害多发频发的国家，怎样预防和抗御农业自然灾害，是进行农业生产活动的重中之重。湖北省地处中国中东部的长江中游区域，南北过渡地带，地质地貌类型复杂多样，有山区、丘陵岗地和平原湖区；种植的农作物及养殖的畜禽和鱼类繁多；受季风气候年际变化的影响，气候复杂多变，常有干旱、暴雨洪涝、极端高温、寒潮低温、大风和冰雹、岩崩、滑坡、泥石流、地震等灾害发生，自然气候灾害具有种类多、发生频率高、影响范围广、危害程度重的特点，通常农业遭受自然灾害造成的直接经济损失占全省自然灾害损失的70%左右。

按照国务院办公厅《关于开展第一次全国自然灾害综合风险普查的通知》《湖北省第一次全国自然灾害综合风险普查领导小组成员单位任务分工》要求，湖北省农业农村厅积极组织力量，认真开展农业自然灾害风险的系统普查工作，通过查阅50年来的气象资料、中国农业统计资料，收集农业发生的自然灾害种类、受害损失数据。同时组织广大农业科技人员，深入到沿江平原地区了解"水袋子"、中北部丘陵岗地的"旱包子"、西部地区的"山坡子"等不同农业生态区域所发生的农业自然灾害情况，采取的避灾、抗灾、减灾有效对策措施及经验，在此基础上，分析、整理、编写了《湖北省农业自然灾害防灾减灾技术手册》。

这本手册通过对春、夏、秋、冬四季自然气候变化的特点，发生的自然灾害种类、概率与危害情况，提出了有针对性的避灾、防灾、抗灾、减灾技术，防御自然灾害应急管理对策措施，为各地农业防灾、减灾提供了比较系统的科技信息。

本手册以一年12个月36旬24个节气为时序，将湖北省重要的农事活动、农业防灾减灾技术及农业科技应用成效等进行聚合，力求以深入浅出、图文并茂、通俗易懂、简明实用的形式，普及农业抗灾、减灾知识。可供广大基层干群、农业科技人员、农业院校大学生、新型农业经营主体等学习使用。

书中引用了有关专家和学者的著作或图片，在此一并表示衷心感谢！对引用文献没有注明的表示诚挚歉意，并请各位谅解！

由于时间比较仓促，水平有限，不妥之处在所难免，敬请诸位参阅者批评指正！

编　者

2021 年 10 月

# 目　　录

# 第一章　湖北省自然条件与农业资源

湖北省位于我国地貌第二级阶梯的东部边缘,具有多层环状分带性特征,地貌类型比较复杂多样,省内河流湖泊众多,季风气候明显,温、光、水、土资源丰富,为农业生产和布局提供了良好条件。同时,也存在一些洪涝、干旱、高温和低温冷害等气象灾害发生的不利条件,农业生产过程中,必须树立科学避灾、防灾、抗灾思想,努力避免和减轻灾害损失,夺取农业持续增产丰收。

## 第一节　自然地理概况

湖北省地处长江中游,洞庭湖以北,因此而得名。地跨北纬 $29°01'53''\sim33°06'47''$,东经 $108°21'42''\sim116°0'50''$,东邻安徽,南界江西、湖南,西连重庆,西北与陕西接壤,北与河南毗邻。东西长约 740 千米,南北宽约 470 千米。全省面积 18.59 万平方千米,其中山地占 56%,丘陵岗地占 24%,平原湖区占 20%。

### 一、地形地貌

湖北省三面环山,地势为西、北、东三面高起,中部向南敞开,呈马蹄形分布特征。

**(一)全省山地分布**

山地一般指海拔 500 米以上,共有 15673 万亩[①],分为低山、中山、高山,海拔高度分别为 500～800 米、801～1200 米、1201 米以上。全省山地大致分为四大块。

1. 鄂西北山地

为秦岭山脉东延部分(又称武当山脉)和大巴山脉东段。大巴山脉东段由神农架、荆山、巫山等组成。神农架最高峰为神农顶,海拔 3105 米,素有"华中第一高峰"之称。

2. 鄂西南山地

是云贵高原的东北延伸部分,主要由大娄山和武陵山组成,呈东北—西南走向,海拔高度一般在 700～1000 米,最高峰在 2000 米以上。

3. 鄂东北山地

为大别山、桐柏山脉,呈西北—东南走向。桐柏山主峰太白顶海拔 1140 米,大别山主峰天堂寨海拔 1729 米。

4. 鄂东南山地

为幕阜山脉,呈西南—东北走向,平均海拔 1000 米左右,主峰老鸦尖海拔 1655 米(图 1-1)。

---

① 注:1 亩≈667 平方米。

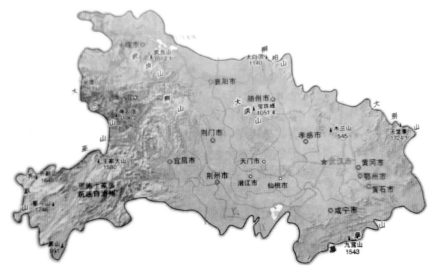

图 1-1 湖北省山脉高程图(米)①

### (二) 全省丘陵分布

全省丘陵主要分布在两大区域:一是鄂中丘陵,包括荆山与大别山之间的江汉河谷丘陵。二是鄂东北丘陵,大别山南面,以低丘为主,地势起伏较小,丘间沟谷开阔,上层较厚,宜农宜林。

### (三) 沿江平原分布

湖北省内主要平原为江汉平原和鄂东平原。一是江汉平原,由长江及其支流汉江冲积而成,是比较典型的河积—湖积平原,面积 4 万多平方千米,地面平坦,湖泊密布,河网交织,大部分地面海拔 20～100 米。二是鄂东沿江平原,是江湖冲积平原,主要分布在嘉鱼县至黄梅县沿长江一带,为长江中游平原的组成部分。

## 二、河流湖泊

### (一) 河流

湖北省境内河流以长江为骨干,自西向东,横贯全省,境内流程 1061 千米,从枝江到城陵矶之间的长江又称荆江,河道曲折,有"万里长江险在荆江"之说。支流自边缘群山向长江汇注,构成向心状单一的长江水系。汉江自陕西白河县进入湖北,省内流程 878 千米,在武汉市注入长江,其河道上游宽,下游窄,极易决堤泛滥。清江是长江一级支流,发源于利川市齐岳山,流经 7 个县市,在宜都陆城汇入长江,全长 427.3 千米。还有直入长江的支流富水、蕲水、浠水、巴水、举水、倒水、滠水、府河、漂水、金水、陆水、沮漳河、溳水、黄柏河、香溪河、渔洋河等;注入汉江的较大支流有天门河、大富水、蛮河、滚河、南河、堵河、天河、唐白河、滔河等。全省共有大、小河流 1193 条,总长度达 3.51 万多千米。

---

① 注:各章节气象图表均来自武汉区域气候中心。

### (二) 湖泊

湖北省平原湖区湖泊众多,居全国之首,称之为"千湖之省"。1959 年前统计约有 1066 个(百亩以下的小湖未统计在内),由于围湖垦荒造田,湖泊数量和面积减少,据 2011 年全国水利普查,湖北省面积大于 0.1 平方千米的湖泊 958 个,其中 5000 亩以上湖泊 110 个;现有的湖泊面积为 2438.6 平方千米,只有 20 世纪 50 年代的 34%。目前面积在 100 平方千米左右的重点防汛湖泊有 5 个,即洪湖、长湖、斧头湖、梁子湖、汈汊湖等。

# 第二节　农业气候资源

湖北省属亚热带季风气候,光照资源充足,热量丰富,无霜期长,雨水充沛,雨热同季,为农业生产提供了优越的气候条件。但也有一些不利气象条件,限制着气候资源的充分利用。

## 一、四季划分

一年有四季,春、夏、秋、冬,每季均有 6 个节气,共有 24 个节气。四季的划分方法很多,一般有 6 种划分方法。①天文法:二分二至,即春分、夏至、秋分、冬至作为春夏秋冬四季的开始。②节气法:以四立即立春、立夏、立秋、立冬分别作为春、夏、秋、冬四季的开始。③农历法:农历正月至三月为春季,四月至六月为夏季,七月至九月为秋季,十月至十二月为冬季。④阳历法:以 3、4、5 月为春季,6、7、8 月为夏季,9、10、11 月为秋季,12、1、2 月为冬季。⑤物候法:以当地某种植物发芽开花作为季节的指示植物。比如,广东以马尾松发芽为春季开始、以苦楝树开花作为夏季开始、野菊花开花作为秋季开始。⑥气温法:以连续 5 天日平均气温稳定上升到 10℃以上为春季开始、上升到 22℃为夏季开始、下降至 22℃为秋季开始、下降至 10℃以下为冬季开始(图 1-2)。

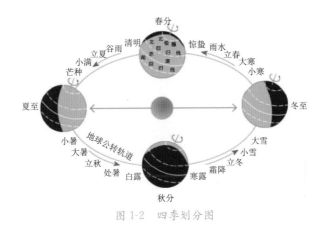

图 1-2　四季划分图

## 二、热量资源

热量是农作物生命活动所不可缺少的环境因子,作物的生长发育需要在一定的温度条件下进行,而且只有当热量累积到一定程度,作物才能完成其发育过程并获得产量。热量条件还在很大程度上决定了当地的自然景观、栽培作物种类、耕作制度以及各种农事活动,是农业生产中最重要的环境条件之一。

**(一)温度**

通常讲的气温,是指离地面1.5米高的百叶箱中的温度表上温度。

**1. 年平均气温**

受东亚季风和地形的影响,湖北省年平均气温呈现北低南高、西低东高的空间分布特征。除鄂西中、高山地区外,年平均气温一般为15.0~17.0℃(图1-3)。其中鄂东南和三峡河谷为16.5~17.5℃,江汉平原和鄂东北地区为16.0~17.0℃,其他地区为15.0~16.0℃,南北相差1.0~2.5℃。在鄂西山地,气温受地形影响较大,河谷暖,高山冷。三峡河谷是湖北省年平均气温最高的地区,在17.0℃以上;清江河谷亦较暖,主要是清江流域多山,冬季受寒流影响轻。湖北省年平均气温年际间差异较大,最暖年份的年平均气温为17.3℃,最冷的年份为15.5℃。日平均气温≥10℃的积温在4800~5700℃,其中鄂东和鄂西的长江河谷多在5200℃以上,且较为稳定;江汉平原和清江河谷在4900℃以上,也基本稳定;鄂北和汉江河谷在4300℃以上。日平均气温稳定通过10℃初日至20℃终日期间的积温,鄂东和鄂西长江河谷在4300℃以上,江汉平原东部在4200℃以上,清江河谷在4000℃以上,鄂北和鄂西北在3900℃以上,仅个别年份不及3600℃。

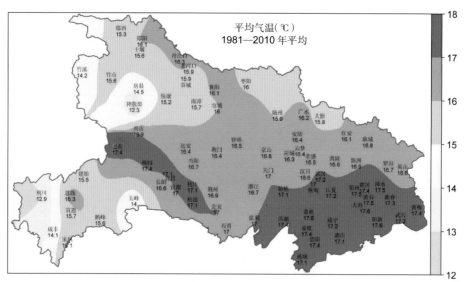

图1-3 1981—2010年湖北省年平均气温空间分布图(℃)

**2. 极端气温**

1961—2017年湖北省极端最高气温为35.6~43.4℃。从空间分布看,鄂西北大部、三峡河谷一带极端最高气温可达42℃以上,全省极端最高气温为43.4℃,出现在1966年7月20日的竹山县;鄂西南西部、江汉平原南部及神农架林区为35.0~39.0℃,其他地区为39.0~42.0℃(图1-4)。

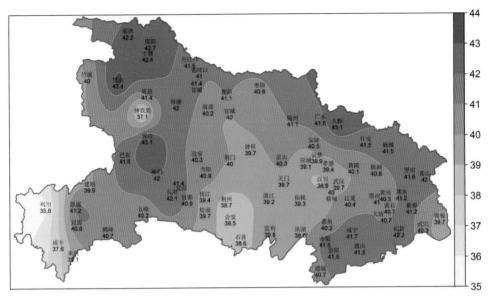

图 1-4 1961—2017 年湖北省极端最高气温空间分布图(℃)

极端最低气温为−19.7～−8.3℃。从空间分布看,鄂西南大部、鄂东大部及三峡河谷地区为−13.0～−8.3℃,其他地区为−19.7～−13.0℃。全省极端最低气温−19.7℃,出现在 1977 年 1 月 30 日的谷城(图 1-5)。

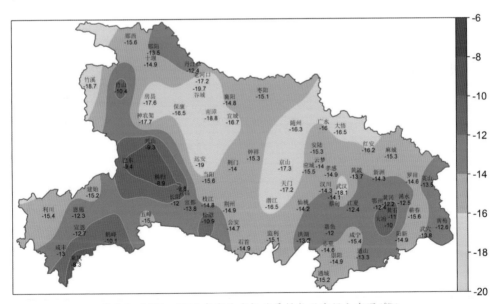

图 1-5 1961—2017 年湖北省极端最低气温空间分布图(℃)

3. 四季气温

湖北省四季分明,气温以夏季(6—8 月)最高,秋季(9—11 月)次之,春季(3—5 月)再次,冬季

(12月—翌年2月)最低。

（1）春季气温。由于冷暖空气势力相当，而且都很活跃，导致湖北省春季气温变化幅度大。春季常年（1981—2010）平均气温为16.2℃，各地为12.4～17.3℃（图1-6）。

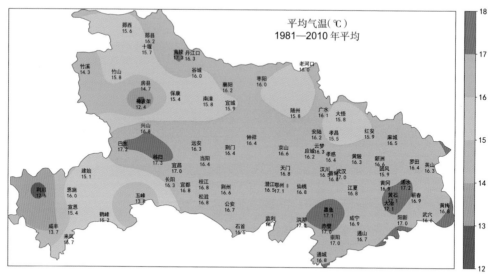

图1-6 1981—2010年湖北省春季平均气温空间分布图（℃）

春季常年平均最高气温为21.2℃，各地为17.3～23.3℃（图1-7）。

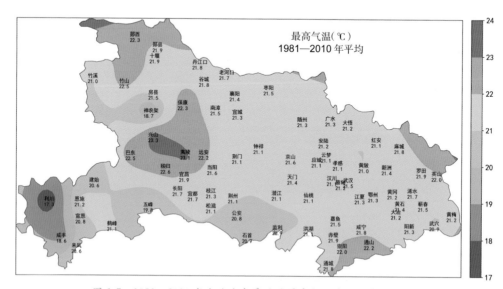

图1-7 1981—2010年湖北省春季平均最高气温空间分布图（℃）

春季极端最高气温可达35.0℃以上，出现在1988年5月3日的秭归达40.8℃（图1-8）。

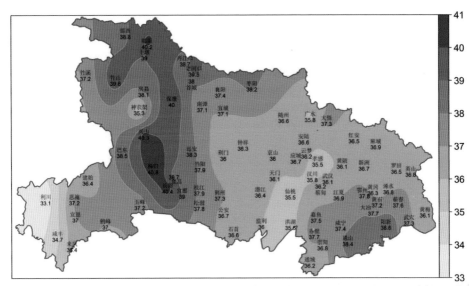

图 1-8　1961—2017 年湖北省春季极端高温空间分布图(℃)

春季平均最低气温为 12.1℃,各地平均最低气温为 7.4～13.8℃,极端最低气温为−9.2～−0.1℃(图 1-9)。

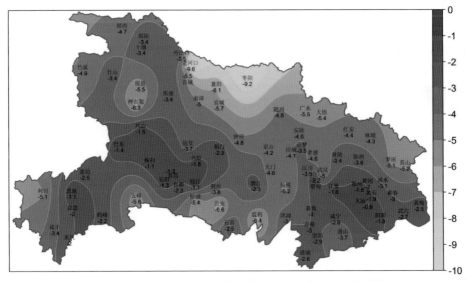

图 1-9　1961—2017 年湖北省春季极端低温空间分布图(℃)

(2)夏季气温。湖北省夏季全省平均气温常年值为 26.7℃,最高气温、最低气温均值分别为 31.3℃和 23.1℃。各地差异较大,在 21.8℃(神农架)～28.1℃(嘉鱼),其中鄂西南大部、鄂西北中部为 21.8～26.0℃,鄂东南、鄂东北东南部及江汉平原大部为 27.1～28.1℃,其他地区为 26.0～27.0℃(图 1-10)。

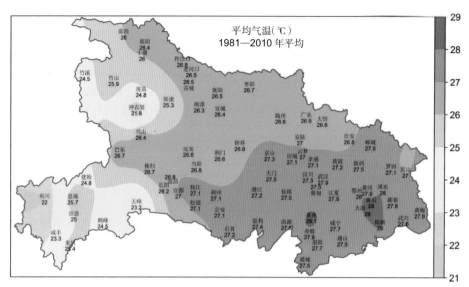

图 1-10　1981—2010 年湖北省夏季平均气温空间分布图(℃)

夏季平均最高气温为 31.3℃,各地为 26.7℃(利川)~32.9℃(兴山);夏季极端最高气温 35.6℃(利川)~43.4℃(竹山),其中江汉平原大部、鄂西南西部、鄂东北西部及鄂西北局部为 35.6~40.0℃,其他地区为 40.0~43.4℃。极端最高气温 43.4℃,出现在 1966 年 7 月 20 日的竹山(图 1-11)。

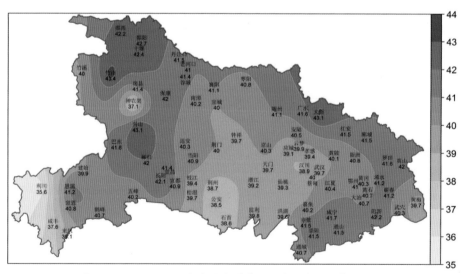

图 1-11　1961—2017 年湖北省夏季极端高温空间分布图(℃)

夏季平均最低气温为 23.1℃,各地为 17.4℃(神农架)~25.0℃(嘉鱼),其中鄂西南西部及鄂西北局部为 17.4~20.0℃,鄂东南大部、鄂东北南部、江汉平原东南部为 24.0~25.0℃,其他地区为 20.0~24.0℃。夏季极端最低气温为 7.1℃(五峰)~15.9℃(秭归),三峡河谷、鄂东南及鄂西北北部为 13.0～15.0℃,其他大部地区为 11.0～13.0℃。极端最低气温 7.1℃ 出现在 1987 年 6 月 8 日的五峰(图 1-12)。

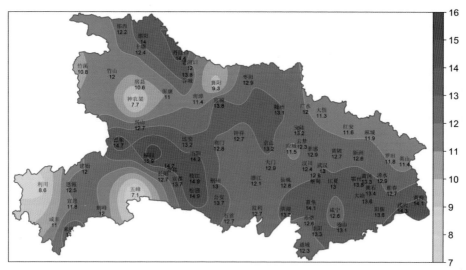

图 1-12　1961—2017 年湖北省夏季极端低温空间分布图(℃)

(3) 秋季气温。湖北省秋季平均气温 17.3℃,各地平均气温为 12.7℃(神农架)～18.7℃(大冶、黄梅、阳新)呈西北低东南高分布,鄂东南大部及江汉平原局部高于 18.0℃(图 1-13)。

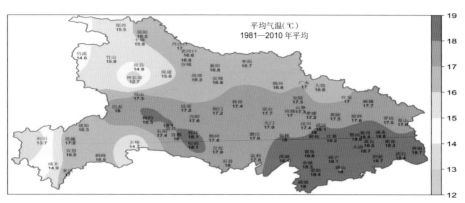

图 1-13　1981—2010 年湖北省秋季平均气温空间分布图(℃)

秋季平均最高气温为 22.3℃,各地秋季平均最高气温为 18.3℃(利川)～23.7℃(崇阳、罗田、英山),鄂西北和鄂西南为低值区,鄂中大部地区为 22.0～23.0℃,鄂东东部及南部在 23.0℃以上。全省秋季极端最高气温 33.2℃(利川)～43.1℃(兴山,1995 年 9 月 6 日)。

全省秋季平均最低气温为 13.7℃;极端最低气温为 -10.5℃(保康,2017 年 11 月 24 日)～0.4℃(秭归),三峡河谷、鄂西南东部为 -1.0～0℃,其他大部为 -5.0～-3.0℃(图 1-14)。

(4) 冬季气温。冬季是全年气温最低的季节,大多数年份的 1 月都是最冷的月份。全省常年冬季平均气温为 5.3℃,各地为 2.1～7.3℃(巴东),南高北低,其中南部地区大部为 5.0～7.0℃,

北部为 3.0～5.0℃(图 1-15)。

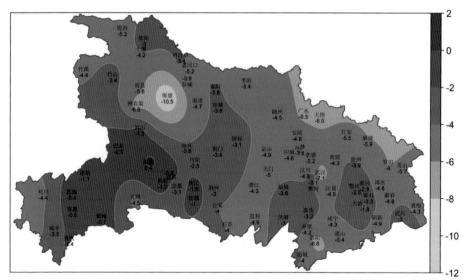

图 1-14 1961—2017 年湖北省秋季极端低温空间分布图(℃)

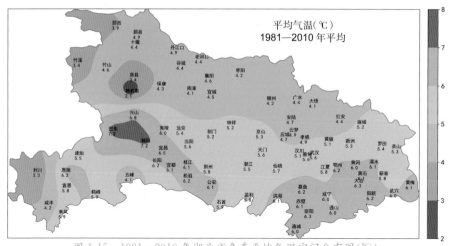

图 1-15 1981—2010 年湖北省冬季平均气温空间分布图(℃)

冬季全省平均最高气温为 9.9℃,各地为 7.1℃(利川)～12.0℃(兴山),其中三峡河谷、鄂东南南部为 11.0～12.0℃,鄂西南西部、神农架林区为 7.0～8.0℃,其他大部地区为 9.0～11.0℃。

冬季全省常年平均最低气温为 2.0℃,各地为－1.7℃(神农架)～4.5℃(巴东),其中南部大部为 2.0～4.5℃,北部为 0～2.0℃。冬季极端最低气温为－19.7℃(谷城)～－8.3℃(来凤),鄂西南大部、鄂东南大部及三峡河谷地区为－13.0～－8.0℃,其他地区为－18.0℃～－13.0(图 1-16)。

**(二)日照**

**1. 年日照**

湖北省地处中纬度,日照时数和到达地面的太阳辐射能较多,且因地因时而异。全省年平均日照时数在 1700 小时,最高值为 2040 小时(1978),最低值为 1431 小时(1989)。年日照时数呈明显下降趋势,下降速率为 51.9 小时/10 年。全省各地常年日照时数为 1056(咸丰)~2030 小时(麻城)(图 1-17)。

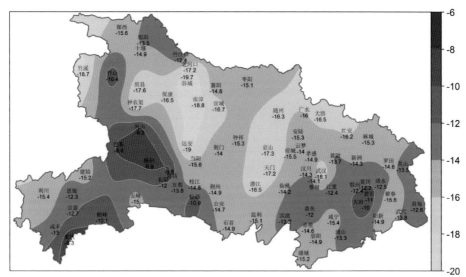

图 1-16　1961—2017 年湖北省冬季极端低温空间分布图(℃)

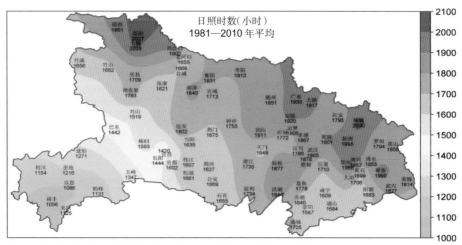

图 1-17　1981—2010 年湖北省年日照时数分布图(小时)

从空间分布看,年日照时数自北向南逐渐减少,鄂西南为 1056~1350 小时,鄂西北南部、江汉平原、鄂东南大部为 1600~1800 小时,鄂西北北部、鄂东北大部为 1800~2030 小时。

2. 四季日照

湖北省春、夏、秋、冬四季日照时数分别为 426 小时、557 小时、418 小时、302 小时。

3. 年辐射量

全省年总辐射量在 87~122 千卡/厘米²,大体是从西南向东北逐渐增多,北部多于南部。

丰富的光能资源,蕴藏着巨大的增产潜力。高光合效能的作物在最适宜条件下,每年可形成含水分 15%的植物质 5500～7500 千克/亩,即为全年光合潜力。其中 4—10 月的光合潜力可达 4000～5400 千克/亩。

### 三、降水资源

湖北省地处季风区,四季寒暖干湿分明,雨量集中在夏季温度高的时期,对农作物生长发育比较适宜;但因雨量变率较大,降水量不够稳定,可导致旱、涝灾害发生。

#### (一)年降水量

年降水量受东亚季风进退迟早、雨带停留时间长短的不同,都会导致降水量出现差异。降水呈现两多一少的分布特征,即鄂西南、鄂东南是两个多雨区,年均降水量达 1500 毫米左右;鄂西北为少雨区,年均降水量不足 1000 毫米;其他地区年均雨量为 1000～1200 毫米(图 1-18)。

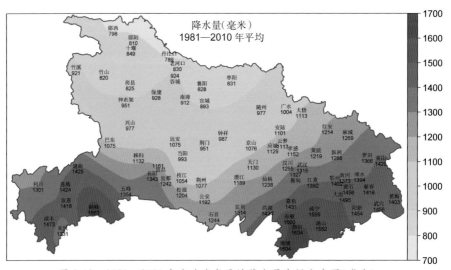

图 1-18　1981—2010 年湖北省年平均降水量空间分布图(毫米)

1961—2017 年,湖北省年平均降水量呈上升趋势,其上升速率为 8.4 毫米/10 年。降水最多年份为 1983 年,年降水量为 1617.9 毫米;降水量最少的年份为 1966 年,年降水量为 815.6 毫米。降水量时间和空间差异很大,最大降水量出现在通城,1995 年降水量达 2559.4 毫米;最小年降水量出现在郧西,1976 年降水量 437.1 毫米。

#### (二)年降水日数

湖北省年均降水日数为 108 天(丹江口)～182 天(鹤峰),分布趋势南多北少;同纬度上,东西多,中部少。最多降雨区在鄂西南,年均雨日为 140～182 天,次多雨区是鄂东咸宁和黄冈南部为 130～148 天,鄂西北北部、鄂北岗地、大别山北部年均降雨日数为 110～120 天(图 1-19)。

#### (三)四季降水

##### 1. 春季降水

湖北省春季(3—5 月)降水频繁,种类多(雨、雪、雷雨、暴雨都有发生),概率高(是全年雨日最

多的季节,雨天大部地区达 50% 以上),对农业生产和人类活动有直接影响。全省春季降水量为
173 毫米(郧西)~564 毫米(通城),自南向北减少,鄂西北北部、鄂东北西部为 173~250 毫米,其
中郧西、郧阳、丹江、枣阳一带不足 200 毫米,是全省春季降水量最少的地区;鄂西南南部、江汉平
原南部、鄂东南大部为 350~564 毫米,其中洪湖、嘉鱼、大冶、蕲春一线以南在 450 毫米以上,是
春季降水量最多的地区;其余地区为 250~350 毫米(图 1-20)。

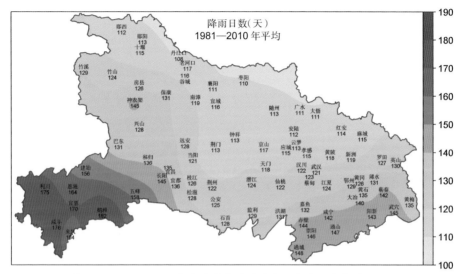

图 1-19　1981—2010 年湖北省年平均降水日数空间分布图(天)

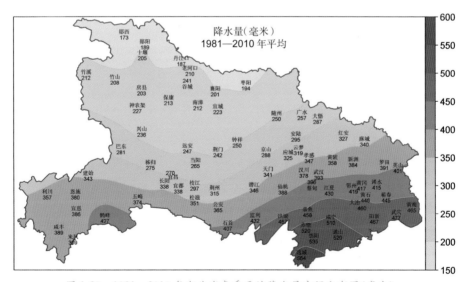

图 1-20　1981—2010 年湖北省春季平均降水量空间分布图(毫米)

**2. 夏季降水**

夏季可分为两个时段:一是梅雨期,即 6 月 1 日至 7 月 20 日,东亚夏季风开始推进到江淮流
域,此时西太平洋副热带高压从海洋伸向大陆,并稳定在长江以南,鄂西南、江汉平原中南部到鄂

东大部,地处在副热带高压西北边缘西南暖湿气流中,在江淮流域通常有一个准静止的梅雨锋,四川盆地或云贵高原有低涡环流沿准静止梅雨锋扰动东移,导致鄂西南地区、江汉平原中南部和鄂东地区出现连续大到暴雨天气,形成大范围洪涝灾害。二是盛夏期,即 7 月 21 至 8 月 31 日,随着东亚夏季风进一步向北推进到华北地区,此时副高完全控制湖北省江汉平原及以东地区,鄂西山区正好位于副高西北边缘西南暖湿气流中,形成鄂西山区多雨带。从单月分析,6 月是夏季降水比较集中的月份;7 月降水时空分布很不均匀,局地强降水明显,多数洪涝年易于 7 月上中旬出现连续降水过程;8 月是湖北省主汛期中降水最少的月份,一般情况下鄂东大部为副高控制,晴热少雨,而西部地区平均雨量往往接近或超过东部。

夏季降水量为 357～801 毫米,高值区主要位于鄂西南、鄂东地区,夏季降雨量 500 毫米以上;低值区主要位于鄂西北,不足 400 毫米(图 1-21)。夏季降水日数为 30.9～55.2 天。

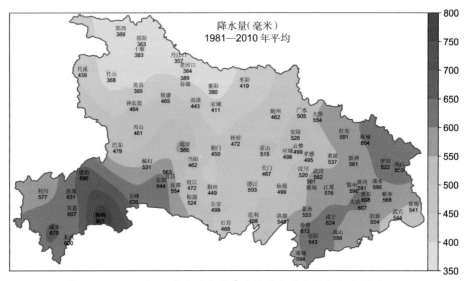

图 1-21　1981—2010 年湖北省夏季平均降水量空间分布图(毫米)

3. 秋季降水

秋季(9—11 月),随着大陆冷高压的重新建立并不断南下,极地冷气团快速南侵,但由于高空东亚季风东撤缓慢,导致南下的冷空气一般比较弱,使江汉平原及其以东地区,受副热带高压控制而形成秋高气爽晴朗少雨天气。但当湖北省处于副热带高压边缘或高空环流变平直时,常由于南下冷空气的坡度平缓易形成静止锋,加上冷空气的频繁南下而形成连阴雨天气。秋季阴雨对湖北省晚稻、再生稻、甘薯、花生、芝麻、棉花的生长收获影响很大。从单月分析,9 月和 10 月均是鄂西南降水最多月份,11 月降水量减少。

湖北省各地秋季降水量为 159 毫米(枣阳)～321 毫米(鹤峰),自北向南增加。鄂西南最多,超过 300 毫米,鄂北中部地区最少,不足 200 毫米(图 1-22)。这是因为鄂西山区处在副热带高压西北边缘西南暖湿气流之中,易形成连阴雨天气,导致雨量明显多于江汉平原及其以东地区,尤其是鄂西南地区,其多年平均雨量明显偏多。各地秋季降水日数为 23.1 天(麻城)～40.8 天

（鹤峰），呈现西南多东北少的分布型。

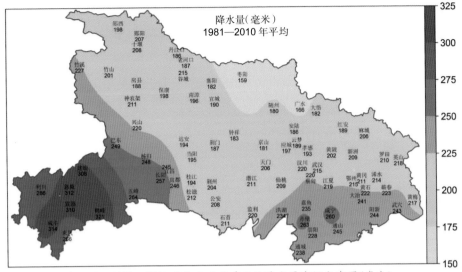

图 1-22　1981—2010 年湖北省秋季平均降水量空间分布图（毫米）

### 4. 冬季降水

冬季（12月—翌年2月），湖北省北纬30°附近高空盛行西北气流，地面盛行东北季风，阻截了西南暖湿气流向北输送，致使湖北省降水偏少。冬季为一年中降水量最少的季节。12月是一年中降水量最少的月份，1月降水开始增多，2月是冬季降水最多的月份。各地冬季降水量为 38 毫米（郧西）～211 毫米（通城），由东南向西北逐渐减少，鄂东南最多，为 180～211 毫米；鄂西北最少，大部不足 60 毫米；其他地区为 60～180 毫米（图 1-23）。各地冬季降水日数为 16.9 天（郧西）～37.5 天（宣恩），呈现南多北少的趋势。

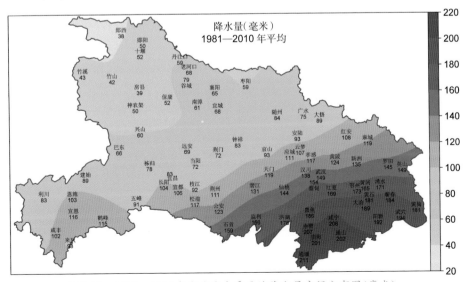

图 1-23　1981—2010 年湖北省冬季平均降水量空间分布图（毫米）

湖北省常年平均降雪日数 12.6 天,最多的是 1974 年达 32.2 天,最少的是 1999 年仅 3.1 天。全省常年平均积雪日数为 6.6 天,2008 年为 1961 年以来同期最多达 20.9 天,1999 年最少仅 0.4 天。全省常年平均积雪深度为 20.4 厘米,最多的是 2008 年达 99.5 厘米,最少的是 1999 年为 0.5 厘米。

# 第三节  土水资源

湖北省土地总面积为 28110 万亩,约占全国土地总面积的 1.95%。其中耕地面积 7867.5 万亩(2016 年全国第三次农业普查数据)。

## 一、耕地资源

2019 年统计,全省耕地面积 7853.1 万亩,其中水田 3971.8 万亩,旱地 3162.2 万亩。

## 二、土壤资源

湖北省成土的自然地理和生物气候条件复杂,成土母质多种多样,有大别山区古老的变质岩,武陵山区大面积的石灰岩,幕阜山区的花岗岩、沙质岩,鄂东一带的片麻小岩,丘陵岗地的第四纪褐色黏土,还有广泛的近代河流冲积物。因此,湖北省土壤种类繁多,土壤质地从沙到黏都有较大面积的分布。

湖北省土壤类型分布,鄂东南低山、丘陵地带性土壤为棕红壤;鄂西南山区气候温和湿度大,主要地带性土壤为黄壤,海拔低于 600 米的山间谷地、盆地有小片棕红壤和黄红壤;长江以北、鄂中、鄂东北地带性土壤为黄棕壤;长江南北两岸的棕红壤与黄正棕壤犬牙交错分布;鄂北、鄂西北地带性的主要土壤类型为黄褐土与黄棕壤;非地带性土壤水稻土,广泛分布在全省海拔 800 米以下低山丘陵地区,较集中分布在平原湖区;潮土广泛分布在江汉平原、长江、汉水及其支流河谷平原;石灰岩土较集中分布在鄂西和鄂南山区;紫色土零星分布在全省各地区,其中鄂西南和鄂西北河谷盆地分布面积较大;全省海拔较高的山体中上部有棕壤、暗棕壤,局部地区有山地草甸土和山地沼泽土。

水稻土是湖北省分布最广、最重要的耕作土壤,占全省耕地面积 50% 以上。从海拔 15～1570 米均有分布,以丘陵平原面积最多。其次是黄棕壤土,占全省土壤总面积的 43.4%。

湖北省土壤由于水热条件适度,土壤中盐分的淋溶和积累趋向平衡,土壤酸碱度(pH 值)适中,45% 为微酸性 pH 值 5.5～6.5,33% 为中性 pH 值 6.5～7.0,21% 为微碱性 pH 值 7.0～8.0,利于各种农作物生长。

## 三、水利资源

湖北省雨量充沛,河流纵横,湖泊众多,库塘密布,径流量大,地表水资源极为丰富,开发利用的潜力很大。

**(一) 地表水资源**

1. 中小河流水源

湖北省多年平均中、小河流年径流总量约 1000 亿立方米(不包括长江和汉水),相当于黄河水量的两倍。其中清江、堵河、富水等 25 条主要中小河流的径流量达 620 亿立方米(表 1-1),可供调蓄利用。加上长江与汉水两条客水多年平均水量 8130 亿立方米,可供调度补给的外水也是相当丰富的。据估计,全省已利用的地表水蓄、引、提水量为 385 亿立方米,只占全省年平均径流总量的 38%,而且很不平衡。

表 1-1　湖北省主要中、小河流水利资源

| 项目<br>河名 | 河长<br>(千米) | 流域面积<br>(平方千米) | 流量(米³/秒) | | 径流量<br>(毫米) | 年径流总量<br>(亿立方米) | 水力蕴藏量<br>(万千瓦) | |
|---|---|---|---|---|---|---|---|---|
| | | | 平均流量 | 历史最大流量 | | | 理论 | 可开发 |
| 清江 | 427.3 | 16770 | 411 | 16350 | 857 | 142 | 224.3 | 171.2 |
| 堵河 | 318 | 11725 | 190 | 12400 | 565 | 66.2 | 116.2 | 62.0 |
| 沮漳河 | 341.2 | 7338.7 | 77 | | 438 | 31.6 | 23.0 | 8.5 |
| 涢水 | 266 | 12866 | 119 | 17000 | 276 | 35.5 | 9.5 | 2.6 |
| 南河 | 235 | 6343 | 78 | 15800 | 396 | 25.1 | 51.9 | 19.7 |
| 陆水 | 192 | 3943 | 95.5 | 11300 | 776 | 30.6 | 14.2 | 10.1 |
| 富水 | 180 | 5310 | 110 | | 848 | 41.6 | 14.5 | 11.3 |
| 举水 | 170.4 | 4054.6 | 46.4 | 8200 | 483 | 19.6 | 6.1 | 4.0 |
| 浠水 | 165.6 | 2504 | 525 | 17000 | 615 | 15.3 | 9.5 | 9.6 |
| 黄柏河 | 152.5 | 1894.8 | | | 483 | 9.84 | 10.3 | 7.6 |
| 倒水 | 163 | 1793 | 22.4 | 3490 | 448 | 8.0 | 1.7 | 1.1 |
| 巴水 | 151 | 3306 | 59.5 | 7900 | 618 | 20.4 | 8.0 | 5.5 |
| 蛮河 | 151 | 3086 | 44.3 | 8050 | 457 | 14.1 | 6.4 | 3.7 |
| 大富水 | 149 | 1554 | 17 | 2180 | 359 | 5.58 | | |
| 滠水 | 148 | 1691 | 50.7 | 8340 | 917 | 15.5 | 6.3 | 4.5 |
| 金水 | 144 | 2710 | 48.4 | | 621 | 27.4 | | |
| 天门河 | 137 | 3113 | 21.2 | 1010 | 294 | 9.16 | | |
| 滔河 | 134 | 1669 | 8.3 | 3280 | 189 | 3.17 | 3.3 | 1.3 |
| 沔河 | 133 | 3456 | | | 360 | 12.4 | 3.2 | 1.3 |
| 滚河 | 125 | 2797 | 16 | 6060 | 182.2 | 5.08 | 1.0 | 1.0 |
| 圻水 | 118 | 1913 | 39 | 4220 | 669 | 13.2 | 1.7 | 2.7 |
| 漃水 | 112 | 2172 | 30.4 | 6640 | 420 | 9.1 | 4.9 | 0.4 |
| 香溪河 | 193.5 | 3099.4 | 69.5 | 4830 | 695 | 21.6 | 34.6 | 5.1 |
| 渔洋河 | 97.7 | 1189.7 | 34.2 | 3300 | 1002 | 11.9 | 8.1 | 6.5 |
| 天河 | 69 | 1614 | 15.2 | 3300 | 290 | 4.69 | 4.5 | 1.2 |
| 唐白河 | 135 | 235 | 16.0 | 18553 | | | | |

注:唐白河大部分在河南省境内。

2. 湖库塘蓄水资源

为了使农田遇旱灌水、遇涝排水,湖北省低山丘陵地区根据江河河谷众多,水源丰富的特点,修建了大量的水库和塘堰蓄水工程。湖北省已修建了大、中、小水库 6096 处(表 1-2),总控制面积 3 万多平方千米,总库容 244.48 亿立方米,其中有效蓄水量 142 亿立方米,有效灌溉面积 1800 万亩;建成塘堰 118.91 万口,有效蓄水量达 28 亿立方米,有效灌溉面积超过 4000 万亩以上。

表 1-2 湖北省蓄水工程统计表

| 地、市 | 水　　库 | | | | | | | 塘、堰 | |
| | 处数 | 总库容(亿立方米) | 有效灌溉面积(万亩) | 其中(处) | | | | 处数(万处) | 蓄水(亿立方米) |
| | | | | 大型 | 中型 | 小(一)型 | 小(二)型 | | |
| 全省 | 6096 | 244.48 | 1798.75 | 45 | 213 | 1041 | 4797 | 118.91 | 28.03 |
| 黄冈 | 1090 | 48.93 | 412.95 | 12 | 36 | 169 | 873 | 29.48 | 5.43 |
| 孝感 | 725 | 29.10 | 263.99 | 5 | 23 | 150 | 547 | 26.42 | 5.24 |
| 咸宁 | 643 | 44.66 | 148.84 | 6 | 22 | 98 | 517 | 7.08 | 2.54 |
| 荆州 | 707 | 54.06 | 380.69 | 6 | 34 | 171 | 496 | 22.01 | 5.78 |
| 襄阳 | 1425 | 50.85 | 398.89 | 15 | 68 | 199 | 1143 | 20.11 | 4.82 |
| 郧阳 | 459 | 3.40 | 34.22 | — | 6 | 63 | 390 | 1.55 | 0.70 |
| 宜昌 | 502 | 9.15 | 101.91 | 1 | 18 | 94 | 389 | 8.8 | 1.77 |
| 恩施 | 208 | 1.49 | 16.12 | — | 2 | 37 | 169 | 1.08 | 0.39 |
| 十堰 | 24 | 0.42 | 1.17 | — | 1 | 4 | 19 | 0.08 | 0.06 |
| 黄石 | 127 | 1.64 | 25.47 | — | 3 | 26 | 98 | 1.13 | 0.16 |
| 武汉 | 186 | 0.78 | 14.50 | — | — | 30 | 156 | 1.17 | 1.14 |

(二)地下水资源

湖北省地下水也很丰富,现初步查明,全省地下水可开采资源为 486.1 亿米$^3$/年,约等于全省地表水的一半。其中山区地下水约有 371.5 亿米$^3$/年,平原、岗地约有 114.6 亿米$^3$/年。

湖北省地下水主要分布在以下两种不同的地区:一是基岩山区,主要含水岩组是碳酸盐岩类裂隙岩溶含水岩组(主要指石灰岩和白云岩等易溶性岩石)。主要分布于鄂西南、鄂东南、大洪山及鄂西北与河南交界地带。碳酸盐岩类含水岩组分布区地下水丰富,大约含水量达 311.5 亿米$^3$/年,占全省地下水的 64%,其中明泉和暗河流出的水量为 70.6 亿米$^3$/年,以恩施和咸丰等县市最丰富。二是江汉平原、鄂北岗地及山间盆地,主要含水岩组是松散岩类孔隙含水岩(主要指砾石、沙和第四纪沉积物)。在平原地区多数是河流的一、二级阶地。此类含水岩组含水量仅次于碳酸盐岩类,约 109.8 亿米$^3$/年。开发利用地下水,不仅是缺乏地表水地区和岗地解决水利问题的重要途径之一,而且江汉平原也可适当抽取地下水搞井灌。在干旱年景,平原、岗地区域取地下水灌田,抗旱效果比较好。

# 第二章　春季农业自然灾害防抗技术

一年之计在于春。春季气温回升,万物复苏,是人们播种希望的季节。春季也是季风天气变化比较大,农业自然灾害发生比较频繁、影响范围广泛、造成危害较重的季节。

通常从3月开始,随着南方暖空气开始北上,气温逐步回升,湖北省从南向北依次步入春天。根据气象标准的科学划分,把日平均气温稳定通过10℃以上的起始日期为进入春天的象征。按此标准,湖北省常年平均入春的时间为3月11日,结束时间为5月下旬,常年春季的长度为70天(图2-1)。

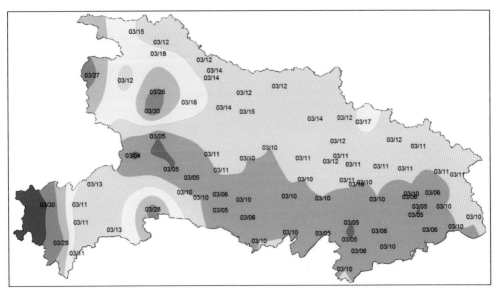

图2-1　湖北省各地平均入春时间空间分布图(月/日)

## 第一节　春季农业自然灾害种类

湖北省春季发生的农业气象灾害有低温、倒春寒、连阴雨、干热风及强对流大风和冰雹等。

### 一、春季低温

湖北省春播期主要在3月下旬至4月下旬,该时段出现的低温,导致早稻、中稻、玉米、高粱、甘薯、马铃薯、花生、棉花、蔬菜等播种育苗期烂秧死苗,小麦开花授精结实不良,油菜分段结荚,果树落花或授粉不良等。

### (一)春播期低温概念

以 3 月下旬平均气温低于 10℃或最低气温低于 6℃，4 月平均气温低于 12℃或最低气温低于 8℃为判断指标。按此标准对湖北省历史上春播期低温进行分析，鄂西南西部山区、鄂西北山区平均每年出现 4～11 天，鄂东南大部、鄂西南东部平均每年发生 1～2 天，其他地区平均每年发生 2～4 天(图 2-2)。

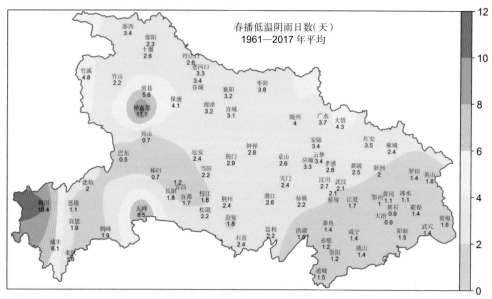

图 2-2  1961—2017 年湖北省春播期低温日数空间分布(天)

### (二)春播期低温发生频率

从时间分布看，湖北省 1961—2017 年春播期低温发生较为频繁、范围广、程度重的是 1987 年、1996 年，重度春播期低温发生气象站占总站数的 10％以上；1962 年、1964 年、1980 年、1991 年、1992 年和 1998 年重度春播期低温气象站占总站数的 6％以上。进入 21 世纪后，春播期低温发生范围和程度都有所减轻。

## 二、倒春寒

在春季，天气回暖的过程中，因冷空气的侵入，使气温明显降低，对农作物造成危害，这种"前春暖，后春寒"的天气称为倒春寒。

### (一)倒春寒概念

指日平均气温稳定通过 10℃后，出现的前期暖后期冷，且后期气温明显低于正常年份的现象。它主要是由长期阴雨天气或冷空气频繁侵入，或常在冷性反气旋控制下晴朗夜晚的强辐射冷却等原因所造成的。如果后春的旬平均气温比常年偏低 2℃以上，则认为是严重的倒春寒天气，可以给农业生产造成危害，特别是前期气温比常年偏高而后期气温偏低的倒春寒，其危害更加严重。

湖北省南北、东西气候差异大，各地稳定通过10℃的日期差别很大，从气候概率进行统计，倒春寒发生的时段为春季3—5月。

**（二）倒春寒发生频率**

湖北省倒春寒平均发生日数空间分布差异较明显，呈现中部多、东西部少的特征。鄂西大部平均每年发生倒春寒日数14～17天，鄂北岗地、江汉平原大部、鄂东南西部17～23天，鄂东的东部16～18天（图2-3）。

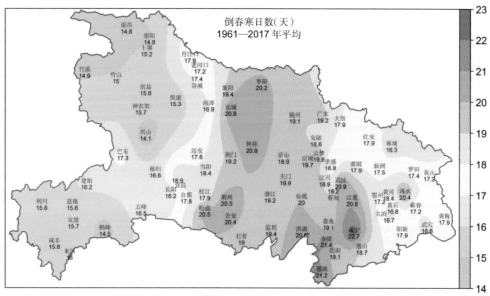

图 2-3　1961—2017年湖北省倒春寒日数空间分布图（天）

从湖北省1961—2017年倒春寒发生范围和严重度看，几乎每年均有发生但程度不同。湖北省发生倒春寒的年份，自1961年以来，有1962年、1966年、1972年、1980年、1987年、1988年、1998年、1999年、2001年、2002年、2003年、2009年、2010年、2013年、2015年、2017年、2020年，尤其是20世纪80年代至2020年，出现了23个暖冬年，暖冬年份约60%会出现倒春寒天气。发生倒春寒的典型年份有1962年、1967年、1977年、1980年、1987年、1993年、1996年、2002年等，2004年以来发生范围和程度都有所减轻，仅2010年、2015年倒春寒范围较大。

2010年4月12—15日，受北路冷空气影响，湖北省大部地区持续3～4天日平均气温小于12℃，鄂西北、鄂东北、鄂西南部和东部、江汉平原北部的过程最低温度在−1～3℃，江汉平原南部、鄂东大部过程最低气温2～5℃（图2-4），西部二高山地区出现积雪。全省达到倒春寒标准的县市35个，主要分布在鄂北和江汉平原，小麦、油菜、水稻、茶叶等主产区受到较大影响。湖北省历年4月发生的典型春播期低温和倒春寒及影响见表2-1。

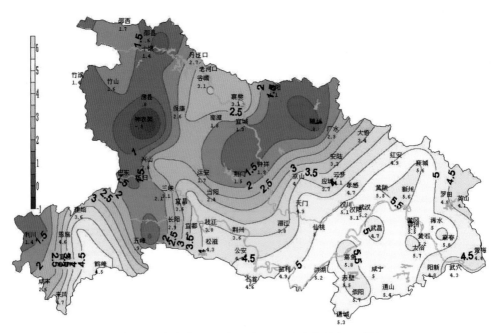

图 2-4　湖北省 2010 年 4 月 14 日全省最低气温(℃)

**表 2-1　湖北省历年 4 月发生的典型"倒春寒"及影响**

| 年份 | 起始日期 | 影　　响 |
|------|---------|---------|
| 1960 | 11—14 日 | 4 月 8—13 日,广水市小麦扬花期遇低温,11—13 日连续 3 天日平均气温低于 10℃,最低气温低于 6℃,全县 7 万亩小麦不孕,夏粮减产三成,宝林乡小麦南大 2419 不实率 82% |
| 1963 | 5—8 日 | 麻城从 3 日的 20.7℃下降至 7 日的 3.8℃,有 3 万亩早稻损失 20%,棉花、花生死苗严重,28 万亩夏粮受损。广水市连续 3 天日平均气温低于 10℃,全县 7 万亩小麦不孕,夏粮减产三成。4 月上旬,武汉平均气温从 21.1℃下降到 4.7℃,最低气温为－0.3℃,对早稻播种很不利,烂秧严重,烂秧率为 30% |
| 1976 | 5—12 日 | 武穴、宣恩两地 3 月 18 日至 4 月 4 日出现了连续 19 天日平均气温低于 12℃的低温,致使早稻烂秧严重。据调查:全省烂秧率 20%～30%,损失种子 0.6 亿千克,荆州地区由于烂秧而少插 10 万亩早稻。江陵县烂秧严重的达 67% |

续表

| 年份 | 起始日期 | 影　响 |
|------|----------|--------|
| 1980 | 13—14 日,24—25 日 | 鄂西北和鄂东北降雪,14 日晨最低气温大部地区为 0～3℃,对正在抽穗扬花的大麦、小麦危害较大,早稻秧田有死苗发生,棉花播种推迟 5～7 天。广水市小麦麦芒有 80％被冻坏,造成严重减产;麻城市大雪,气温骤然下降到—4～－5℃,小麦冻坏 2.58 万亩,倒伏 9635 亩,油菜受损 1.33 万亩,桑树冻死 766 亩;郧西县农田受灾面积 9350 亩,成灾 8150 亩。兴山、秭归、长阳、五峰、宜昌、当阳等县 4 月 12 日降大雪,对土豆嫩芽和刚出土的早玉米危害很大。宜昌县有 9500 亩土豆遭受冻害。当阳县中稻秧损失 10％～20％。据省民政部门统计,全省遭低温、霜冻危害的夏粮达 85 万亩,减产 3.3 亿千克,油菜减产 22％ |
| 1987 | 11—14 日 | 据省民政厅统计,受灾的 35 个县、市农作物受灾面积 925 万亩,其中粮食作物 794 万多亩;成灾面积 617 多万亩,其中粮食作物 491 多万亩。柑橘、香菇、黑木耳等经济作物损失很大。灾情严重的有十堰市、襄阳市和恩施自治州。十堰市 87 万亩小麦减产三成,13 万亩晚发油菜损失较大,45 万亩玉米(地膜覆盖 15 万亩)出现部分断苗、烂种、烂芽;襄阳市小麦倒伏 300 万亩,油菜受灾 30.4 万亩,蚕豆 21 万亩;4 月中旬初的这场大雪,仅长阳就损失粮食 1000 万千克、油料 2 万担,折合人民币 600 万元 |
| 1991 | 1—4 日 | 4 月 8—19 日的持续低温阴雨,与冬小麦抽穗扬花期相遇,影响正常授粉,还滋生病虫害。全省小麦赤霉病达 800 多万亩,主要分布在沿江滨湖地区,损失夏粮 1.5 亿～2.0 亿千克;小麦发生锈病、纹枯病、白粉病等共 700 多万亩,预计损粮 1.5 亿千克左右 |
| 1996 | 8—13 日 | 受长期低温阴雨影响,小麦和油菜生育期推迟 10 天以上,双季早稻和棉花(营养钵)播种期推迟 1 周以上。平原湖区麦田进水,渍害严重。阴雨天气和渍害还造成小麦幼穗分化和油菜花芽分化障碍,导致小穗和花芽退化或发育不良。小麦白粉病、油菜菌核病呈中等偏重发生,据荆州市调查,低平洼地小麦白粉病病叶率高达 70％,湖区病叶率达 60％。黄冈市农作物受灾面积 225.56 万亩,成灾面积 67.66 万亩,基本无收面积 12.1 万亩。恩施州遭受阴雨低温灾害的达 133.8 万亩,占总播种面积的 40％;成灾面积 77.6 万亩,占受灾 |

| 年份 | 起始日期 | 影　　响 |
|------|---------|----------|
| | | 面积的 58%；基本无收面积达 18.6 万亩，占受灾面积的 14%，占成灾面积的 24%。夏粮损失 0.6 亿千克，比 1995 年减产 0.6 亿千克；夏油损失 0.26 亿千克，比 1995 年减产 0.23 亿千克。据省民政厅统计，全省农作物受灾面积 1960 多万亩，成灾 890 万亩，基本无收 80 多万亩，因灾损失粮食近 5 亿千克 |
| 2001 | 20—22 日 | 4 月 9—10 日大风降温范围广，降温幅度大，致使夏秋农作物和多种经济作物严重受损。据省民政厅初步统计，这次灾害涉及湖北省十堰、荆门、孝感、黄冈、武汉、荆州等地市的 26 个县（市、区）。全省农作物受灾 580 万亩，成灾 470 万亩，直接经济损失 9 亿多元。其中 4 月 9—10 日十堰市气温急剧下降，并遭受不同程度的晚霜冻害，竹溪、竹山、房县的气温由两天前的近 20℃降至 0℃。晚霜冻害使该市 67 个乡镇受灾，农作物受灾 84.35 万亩，正处于拔节、抽穗期小麦受雪积压；较为严重的地方，大面积的小麦折断、倒伏；全市粮油作物预计损失产量 0.59 亿千克；其他多种经济植物如魔芋、烟叶、茶叶、蔬菜、朝天椒等，受灾 30 万亩，各种林果、苗木亦受灾严重。全市预计因灾损失 2.26 亿元 |
| 2002 | 25—28 日 | 低温阴雨使湖北省春季在田作物遭受严重渍涝灾害，导致夏收作物倒伏、发芽、霉烂，千粒重和品质下降，并使夏收作物不能及时收割、晾晒；影响春播作物播种、移栽，使春播作物弱苗、僵苗、病苗、死苗现象严重，导致春播作物基本苗严重不足，大部地区需补播、补插；湖北省主要夏收作物因灾减产严重 |
| 2010 | 13—15 日 | 截至 4 月 14 日 17 时，4 月 12 日以来的低温雨雪和风雹灾害共造成湖北省 18 县区农作物受灾 134 万亩，其中绝收 6.9 万亩；直接经济损失 19675 万元。此次"倒春寒"过程对农业不利影响主要为：小麦的穗全部或部分延迟，抽穗结实率降低、穗粒数减少。半高山地区小麦受冻较重，十堰、恩施、宜昌等山区的油菜花、嫩角受冻，不能正常结实。荆州市、咸宁市部分地方的直播早稻受冻损种、烂芽、死秧。暴雨冰雹灾害吹倒瓜果棚架，造成大田蔬菜渍害、冻害，部分积雪较厚地区，蔬菜拱棚被雪压塌等。春茶普遍受冻，鱼苗孵化受害 |

续表

| 年份 | 起始日期 | 影　响 |
|---|---|---|
| 2013 | 19—22 日 | 50 站达到倒春寒标准,其中 19 站发生重度倒春寒,是一次出现时间最晚,范围较广,强度较大的倒春寒过程。造成早中稻秧苗素质下降,部分棉苗和已移栽的早稻出现青枯死苗 |

## 三、春季连阴雨

### (一)连阴雨概念

连续降雨 5～7 天或以上的天气称为连阴雨。春季处于冬、春季风转换的过渡时期,冷、暖空气在湖北省交汇,形成持续日久的阴雨天气过程。

连阴雨监测指标:日降水量≥0.1 毫米持续 5 天及以上,其中 10 天以内的过程,允许期间有一天无降水,但该日日照时数小于 2 小时,10 天以上的过程允许有不连续的 2 天无降水,但日照时数小于 2 小时。

### (二)春季连阴雨发生频率

湖北省 1961—2017 年,春季连阴雨发生频次南部高于北部,鄂西北北部、鄂北岗地、鄂东北西北部春季平均每年发生连阴雨 1～2 次,鄂西南南部、咸宁南部平均每年发生 3～4 次,其他地区平均每年发生 2～3 次(图 2-5)。从春季连阴雨发生范围和严重程度看,发生范围最广的是 1977 年,约有 26% 的台站出现连阴雨;其次是 1963 年、1964 年、1967 年分别有 20%、21% 和 19% 的台站发生春季连阴雨(表 2-2)。

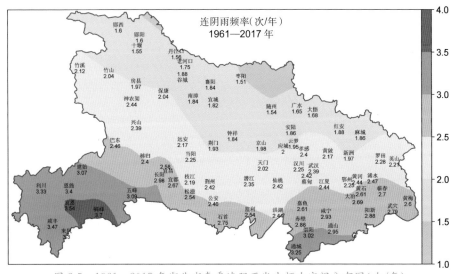

图 2-5　1961—2017 年湖北省春季连阴雨发生频次空间分布图(次/年)

表 2-2　湖北省 1961—2017 年春季连阴雨年份及实况

| 年份 | 发生地区 | 时段、持续时间 |
|---|---|---|
| 1973 | 鄂东南大部 | 2 月 24 日开始持续到 3 月 15 日左右,鄂东南大部和江汉平原局部为重度连阴雨,持续 15～19 天 |
| 1977 | 鄂东南大部、鄂西 | 4 月 22 日至 5 月 12 日,鄂东南大部、鄂西部分地区为重度连阴雨,持续 15～20 天 |
| 1988 | 鄂东 | 2 月 22 日开始持续到 3 月 4 日左右,鄂东 8 站为重度连阴雨,持续 11 天左右 |
| 1992 | 鄂东南和江汉平原大部、鄂西 | 3 月 12—31 日,鄂东南和江汉平原大部、鄂西部分地区为重度连阴雨,持续 16～19 天 |
| 1996 | 鄂东南部分地区、江汉平原 | 3 月 14 日至 4 月 1 日,鄂东南部分地区、江汉平原和鄂西局部为重度连阴雨,持续 16 天 |
| 2002 | 全省大部 | 4 月 22 日至 5 月 10 日,持续 18 天左右,降水总量北部地区 100～150 毫米,南部地区 150～300 毫米,鄂西大部和鄂东南大部为重度连阴雨,持续 17～18 天 |
| 2003 | 全省大部 | 2 月下旬至 3 月 18 日出现了两段低温连阴雨天气,鄂西北降雨日数 15～20 天,其他地区大部达 17～23 天,大部偏多 3～10 天。总降水量鄂西北、鄂西南大部 20～100 毫米,鄂东北西部、江汉平原西北部 100～150 毫米,其他地区 150～220 毫米 |
| 2008 | 西部、南部 | 3 月至 4 月上旬(3 月 4—8 日、15—18 日、28—31 日,4 月 8—15 日)出现 4 次连阴雨 |
| 2009 | 全省大部 | 2 月 14 日至 3 月 5 日,出现持续低温阴雨(雪)天气。江汉平原、鄂东南偏多 1～3 倍。鄂东、江汉平原大部、鄂西部分地区为重度连阴雨,持续 11～13 天 |
| 2014 | 全省大部 | 4 月 10—27 日,出现连阴雨天气过程。雨日在 13 天以上,其中鄂西南、江汉平原大部 15～17 天,累计降雨量 80～272 毫米 |
| 2015 | 全省大部 | 4 月 1—7 日全省出现了强降水、倒春寒、连阴雨和强对流天气过程,多灾并发,发生范围广、降水强度大、气温明显偏低、日照严重偏少、阴雨日数长。41 站过程累计雨量大于常年 4 月总降水量,共 42 站次出现暴雨,为 1961 年以来同期最多。大部雨日达 6～7 天,鄂西大部、江汉平原及鄂东北部分地区连阴雨灾害达中度等级。4 月 |

续表

| 年份 | 发生地区 | 时段、持续时间 |
|---|---|---|
| | | 1—9 日全省日平均气温普降 5～17℃,8 日过程极端最低气温 2～6℃,鄂西中高山地区最低气温降至 0℃左右,出现了全省范围的倒春寒天气 |

春季连阴雨对夏收作物的影响比较大。4 月上旬至 5 月中旬,小麦处于抽穗扬花与灌浆期,此间若出现连续 3 天以上的阴雨天气过程(日降水量≥0.1 毫米,不包括雾、露、霜量),就会影响小麦扬花灌浆,降低结实率和粒重,还极易诱发锈病、赤霉病的发生和流行。

### 1. 小麦穗发芽

指小麦收获前遇到阴雨或潮湿天气,发生的穗上籽粒发芽的现象。农民俗称"烂场雨"或"仓门雨"。近年来,随着气候变化,越来越多的小麦产区,在小麦收获季节,出现白天气温较高,晚间多夜雨,空气湿度相对较大,给小麦穗发芽创造了有利条件。

小麦穗发芽是一种世界性的自然灾害,影响小麦的产量与品质。小麦穗发芽不仅显著降低产量,一般降低 10% 以上;而且导致籽粒品质劣化,不能用于食品加工,经济价值受到损失。

穗发芽典型年份有 1985 年、1987 年、1991 年、1996 年、2018 年等。

如 1991 年 5 月 1—7 日、5 月 20—25 日、6 月 1—15 日,3 次连续 5 天以上的连阴雨,50 天内阴雨天数,鄂东南江汉平原和鄂西南为 35～37 天,鄂西北 28 天,鄂东北 34 天,分别占该段时期总天数的 75%、53% 和 70%。造成全省小麦穗上发芽达 60%,部分地方小麦产量损失达 20%～30%。

2018 年,5 月出现 8 次降雨过程,分别是 5 月 1 日、5—6 日、11 日、14—16 日、17—19 日、20—22 日、25—26 日、30—31 日,全省平均降水量达 210 毫米,较常年同期多四成。全省平均气温 22.5℃,较常年同期偏高 0.9℃。致使全省小麦不能按时收获,尤其是鄂北小麦主产区受灾更为严重,造成小麦穗子变黑、发霉、发芽等危害,导致 500 多万亩小麦减产、品质降低、销售困难,价格降到 1.2～1.4 元/千克。

### 2. 烂场雨(仓门雨)

5 月下旬小麦收获期,若遇阴雨日数≥5 天,过程降水量≥30 毫米为轻度烂场雨;过程降水量≥50 毫米为中度烂场雨;过程降水量≥100 毫米为偏重烂场雨;过程降水量≥150 毫米为严重烂场雨。

## 四、干热风

干热风亦称"干旱风""热干风""火南风",在 5 月出现的一种高温、低湿并伴有一定风力的农业灾害性天气。主要危害小麦、油菜籽粒灌浆,柑橘落花等。

### (一) 干热风的成因

干热风天气气象指标:小麦开花至灌浆期间,需要适宜的温度是 18～22℃,上限温度 28℃。如遇 2～5 天 14 时气温≥30℃,相对湿度≤30%,风速≥3 米/秒为轻度干热风天气指标;以气温

≥32℃,相对湿度≤25%,风速≥3米/秒为重度干热风天气指标。小麦植株蒸发量大,体内水分失衡,籽粒灌浆受抑或不能灌浆,造成提早枯熟。

**(二)干热风对小麦的危害**

干热风是小麦生育后期经常遇到的气象灾害。小麦的芒、穗、叶和茎秆等部位均可受害。轻度受害时仅表现为炸芒和提前成熟,粒重降低;严重受害时,从植株顶端到基部失水后青枯变白或叶片卷缩萎凋,颖壳变为白色或灰白色,开花期缩短,小花败育率增加或麦穗提前停止灌浆,籽粒干瘪,千粒重下降15%左右,且蛋白质含量也下降。

**1. 干热风对小麦开花期的影响**

小麦植株正常情况下,上午和下午各有一次开花高峰,受干热风影响后上午开花量减至15%左右,下午在32%左右,夜间达53%。因为白天气温高,相对湿度低于41%,植株体内水分蒸腾量大,根部吸收水分不能满足白天开花的需求,转向夜间开花。

**2. 干热风对小麦灌浆期的影响**

遭遇干热风天气,地上部水分大量蒸腾,根系老化,水分供应跟不上,叶片生活力衰退,养分转移受阻,造成叶片昼卷夜开或昼夜卷缩不展开,小麦灌浆期也比正常年缩短5天,芒角增加20°~40°,千粒重减少6克。更严重时,小麦植株于灌浆初期,发生青枯死亡。

# 第二节　春季自然灾害防抗技术

## 一、倒春寒防抗技术

### (一)小麦遭遇倒春寒危害与防抗技术

1. 倒春寒对小麦生产的危害

从发生倒春寒天气分析,大都是冬季气温偏高,或早春3月份气温回升快,4月上中旬遭遇北方冷空气侵入,出现降温或连阴雨低温天气。如1987年,异常暖冬,春季冷空气强度大、次数多、冷暖变化急剧。3月31日至4月1日,鄂西北和鄂北地区,普降大到暴雪,积雪深度10~18厘米,其他地方小到中雪,使全省1000多万亩小麦、油菜遭受冻害,一部分小麦倒伏或茎秆被雪压折。

1988年,冬季气温异常偏暖,12月下旬气温比常年同期偏高6℃左右,翌年1月平均偏高1℃左右,2月上旬偏高2~2.5℃,2月24~25日,北部降中到大雪,局部暴雪,多数地方积雪深夜15~17厘米;3月15~17日,又一次强冷空气入侵,48小时降温10~15℃。两次低温、大雪天气,造成处于蕾期的油菜,拔节期的小麦遭受冻害。

2002年,冬季气温前低后高,季平均气温3.5~8.1℃,比常年同期偏高1~3℃,其中翌年1月偏高3℃以上,2月偏高4℃以上;4月22日至5月9日,全省气温异常偏低,为50年以来同期最低。

2. 小麦防抗倒春寒的技术

小麦遭遇倒春寒天气,一般都是在3—4月,生长发育进入拔节孕穗或抽穗扬花授粉期,抗寒能力急剧降低,受害损失比较重。生产上要立足于坚持避灾防灾为主,根据天气预报,提早做好科技抗灾工作。

(1)坚持避灾防灾。①选用抗寒力较强的品种。鄂西北地区,鄂北岗地早茬口田块,推广抗寒能力较强的半冬性品种,其他地方推广春性品种。②因地制宜适期播种。依据气候条件,不同麦区确定适宜小麦播种期。鄂北麦区,宜在10月下旬的霜降前后抢晴天播种;鄂中丘陵地区,宜在10月25—31日播种;江汉平原及鄂东平原,宜在11月上旬播种。③建立合理群体结构。依据土壤肥力、计划产量指标,确定穗粒数,再根据小麦种子颗粒大小、发芽率、土壤墒情和田间出苗率,确定适宜的基本苗和播种量。一般中等肥力田块,亩产350千克以上,每亩基本苗18万~20万苗,播种量12~13千克。④提早防控旺长。一是镇压,进入11月底至12月上旬,对麦苗生长5片叶及以上田块,实行镇压,控上促下,控茎叶生长促根系发育;二是化调,在麦苗主茎5~6叶期,每亩用25%多效唑悬浮剂15~25克,兑水30~40千克喷施,可有效提高麦苗的抗寒性。

(2)及时抗灾补救。根据麦苗生育进程与遭受低温冻害的状况,因苗制宜,及时采取相应的抗灾技术。

对拔节期遭受倒春寒危害,麦苗部分主茎幼穗冻伤死亡的,及时追施速效氮肥,促进分蘖苗生长多成穗,每亩可追施尿素5千克左右;对孕穗期的麦苗,提前5~7天,喷施芸乐收、芸苔素内脂加磷酸二氢钾等,增强抗逆性,提高抗寒能力;对抽穗灌浆期遭遇倒春寒的麦田,喷施磷酸二氢钾加尿素2次,起到保粒数增粒重的作用。

**(二)油菜遭遇倒春寒危害及防抗技术**

1. 倒春寒对油菜的危害

每年初春,油菜进入蕾薹至开花期,抗寒能力减弱,极易受到倒春寒低温冻害。气温降到5℃以下,一般不开花,正在开花的授粉不良,结实不正常;0℃以下,嫩薹受冻后破裂,严重时折断下垂、枯死,蕾受冻后呈黄红色,花器受冻,花粉生活力下降,子房被冻伤或者冻死,正在开花的出现花而不实,甚至花朵大量脱落,致使花序上产生分段结实。并且可导致菌核病、霜霉病的发生,造成油菜籽减产。

2. 油菜防抗倒春寒的技术

油菜防抗倒春寒,在前期选择耐寒性强的品种,适时播种,旺苗调控的基础上,要落实好以下几个方面的防抗技术措施。

(1)适时摘除早薹。对生长过快,提前进入蕾薹期的油菜,在倒春寒到来之前,选晴天摘除主薹上部,保留下部15厘米左右,以利叶芽早生快发。

(2)因苗追施薹肥。弱苗每亩追施尿素7~8千克,壮苗追施4~5千克,采摘过菜薹的田块追施8千克左右。

(3)根外喷施硼肥。油菜受冻后,尤其是花期受冻,要及时补施硼肥,选择晴天使用无人机喷施,提高花朵授粉结实率。

(4)及时清沟排渍。春季倒春寒天气,常出现降温与降雨天气,要普遍进行一次厢沟、围沟和排水沟的清理升级,达到明水能排、暗水能滤、雨住田间无积水,使油菜根系在有氧的条件下生长,提高抗低温的能力。

**(三)果树遭遇倒春寒危害与防抗技术**

1. 倒春寒对果树的危害

倒春寒时果树芽、花和幼果等都可遭受危害。果树不同部位受冻的临界温度,芽苗为$-3.9℃$,花蕾为$-3.8\sim-2.5℃$,花朵为$-2.0\sim-1.5℃$,幼果为$-2.5\sim0.7℃$。

2. 果树防抗倒春寒的技术

(1)果园提前浇水。根据天气预报,在倒春寒到来前3~4天,进行果园浇水,水的比热大,可以减轻土壤冻害。

(2)树冠喷水防冻。在倒春寒来临之际,对果树实行喷水,避免树体温度降到零下,增强树体抗冻能力,减轻花器受冻。

(3)全园熏烟防冻。这是一个传统的物理防冻措施,即在凌晨2~3时,气温接近0℃左右,冷空气下沉之前,在果园内放置湿润秸草,点火后只生烟无明火,烟的高度和果树株高差不多,使烟占满整个果园的空间,可以抑制冷空气的危害。

(4)喷施调节剂。对果园提前喷施芸苔素内脂、磷酸二氢钾、复硝酚钠等,提高果树抗逆性,降低冻害的发生。

**(四)蔬菜防抗倒春寒危害的技术**

(1)覆盖薄膜。寒潮来临前,厢面覆盖地膜,封闭塑料大棚薄膜,北边迎风面架设防风障,阻挡冷空气进入棚内,减轻降温危害。

(2)棚内加温。寒流降温时,在塑料棚内安装电灯或煤炉加温,提高棚内温度,防止蔬菜冻害。

(3)适量喷水。在寒潮到来之前,用喷雾器对蔬菜植株喷水,可使植株体温下降缓慢,增强抗冻性。

(4)提早炼苗。在幼苗出齐后,苗床要通风、炼苗,提高菜苗抗寒能力,适应低温环境。

## 二、小麦防抗干热风技术

1. 选用抗逆性强的品种

在干热风常发区域,选用生育期适中、抗耐干热风性能较强、株叶形态紧凑、根系发达等优良的小麦品种。

2. 测土配方施肥

增施有机肥,提高土壤含水量,促进小麦根系发育生长,增强对干旱的抵抗力。

3. 使用抗旱剂拌种

小麦播种时,每亩用抗旱剂1号50克溶于0.5~1.0千克水中拌12.5千克麦种;或用万家宝30克加水0.5~1.0千克拌20千克麦种,拌匀后晾干水分播种。

4. 后期喷施营养液

小麦抽穗至灌浆期间,选用磷酸二氢钾200克+尿素400克,或抗旱剂1号50克等,对水

40～50 千克喷施,使用无人机可兑水 5 千克喷施。

## 三、小麦防抗穗发芽危害技术

### (一) 小麦穗发芽造成减产降质

#### 1. 减产原因

受两个因素造成减产:①小麦灌浆期间,阴雨寡照,光合作用严重受阻,干物质积累少,籽粒得不到营养物质,灌浆不饱满,加上部分籽粒穗上发芽,营养物质消耗浪费,粒重下降;②收获损失。雨前抢收,小麦可能未达到正常成熟;雨后收获,籽粒营养消耗或发芽,粒重降低。

#### 2. 品质降低

主要是小麦内质理化性状发生劣变。穗上发芽的小麦,籽粒沉降值降低,α 淀粉酶等活性提高,面团吸水率下降、形成时间缩短;但籽粒内部已具有很高的 α 淀粉酶活性,会造成旺盛物质分解,粒重下降,仓储时发芽、霉变等,导致品质降低,尤其是加工品质劣化。如果用芽麦面粉做馒头,不但馒头外观不好看,颜色发暗,还会软趴趴的,而且吃着发黏,似乎像是没蒸熟,口感比常态面粉蒸出的馒头发甜。

### (二) 小麦穗发芽避灾抗灾技术

#### 1. 科学种植避灾

(1) 选用优良品种。小麦穗发芽,受种子的休眠特性、品种的基因型、抗性基因等密切相关。在夏收时节多雨地区,选用红皮、角质率含量高、籽粒休眠期较长的品种,切忌使用白皮小麦品种,种皮薄、吸水快、休眠期短,遇到湿度较大的环境条件就会发芽。

(2) 三适种植。一是适量肥料,做到测土配方施肥,因苗追肥;二是适期播种,鄂北地区适宜播期为 10 月下旬,南部地区为 10 月底至 11 月初;三是适宜播量,正常播种时期每亩播种量 12 千克左右;确保每亩基本苗 18 万～20 万苗。

(3) 培育壮苗。一是因苗调控,壮苗和弱苗适时适量追肥,旺苗喷施多效唑;二是及时清沟排渍,降低田间湿度,促进根系生长,提高活力和吸收水肥能力;三是一喷三防,延长茎叶功能期,增强后期植株抗逆性,达到正常灌浆成熟。

#### 2. 遇灾及时防抗

(1) 灾前防御。根据天气预报,得知小麦收获期间,会发生连阴雨天气,提前 7～10 天在黄熟期喷施促进籽粒灌浆成熟的调节剂,或穗萌抑制剂、青鲜素、穗得安等,可起到抑制或延缓小麦籽粒发芽的作用。

(2) 抗灾抢收。抢收小麦籽粒含水量一般比较高,充分利用烘干设施,进行烘干处理与通风储藏。

对没有烘干设施的,可采取 3 种技术处理方法应急:一是自然缺氧法,就是提高密封,使小麦堆暂时缺氧,从而抑制小麦的生命活动,达到防止小麦发热、生芽和霉变的目的。二是化学保粮法,就是利用药剂搅拌麦堆,使得小麦酶处于失活状态。三是杨树枝保管法,将带叶的杨树枝,放入到麦堆里,能在短时间内将麦堆的氧气消耗掉,使小麦处于休眠状态,抑制发热和发芽。

## 第三节　春季农作物生育进程与气象条件

### 一、3月农作物生育进程与气象条件

🌱 **春季** 从 3 月到 5 月,6 个节气分别是惊蛰、春分、清明、谷雨、立夏、小满。

## 3月
## 上旬

### 生育进程

| | | |
|---|---|---|
| **小麦**:拔节期 | **大麦**:孕穗期 | **油菜**:始花期 |
| **冬播马铃薯**:出苗期 | **早春鲜食甜玉米、糯玉米**:双膜覆盖大田移栽期;地膜覆盖直播或育苗期 | |
| **西瓜、甜瓜**:苗期 | **梨**:萌芽、展叶、开花期 | **桃**:开花、萌芽期 |
| **葡萄**:伤流期 | **柑橘**:春梢萌动期 | |

### 旬气象条件

| 气象站点 | | 武汉 | 黄冈 | 荆州 | 襄阳 | 宜昌 | 恩施 |
|---|---|---|---|---|---|---|---|
| 纬度 | | 30°37′ | 30°26′ | 30°21′ | 32°2′ | 30°42′ | 30°17′ |
| 经度 | | 114°8′ | 114°54′ | 112°9′ | 112°10′ | 111°18′ | 109°28′ |
| 平均气温(℃) | | 9.3 | 9.4 | 9.2 | 8.5 | 9.8 | 9.2 |
| 极端高温 | 温度(℃) | 29.2 | 29.8 | 29 | 29.7 | 32.9 | 26.8 |
| | 出现日期 | 2013-3-8 | 2013-3-9 | 2013-3-8 | 2013-3-9 | 2013-3-8 | 2013-3-8 |
| 极端低温 | 温度(℃) | −5 | −1.9 | −3.6 | −6.1 | −0.5 | −1.1 |
| | 出现日期 | 1951-3-3 | 2010-3-10 | 1958-3-1 | 1966-3-8 | 1968-3-2 | 1986-3-3 |
| 旬日照(小时) | | 45.3 | 45.2 | 40.3 | 49 | 35.7 | 24.8 |
| 降水量(毫米) | | 25.7 | 27.3 | 20.3 | 14 | 15.8 | 16.8 |

### 农时节气　惊蛰

　　每年阳历 3 月 5—7 日,太阳的位置到达黄经 345°,这一天便是反映物候的"惊蛰"节气。自这天起,天气回暖,春雷始震,蛰伏于泥土深处一个冬季的冬眠动物和昆虫,开始出土活动。

　　惊蛰是一年春耕的开始,准备春耕备耕,购买和维修农业机械,为春季播种的作物翻耕整地,准备种子、化肥、农药、农膜等物资;越冬的小麦、大麦起身拔节,蚕豆、豌豆开花,油菜进入盛花期,早春季设施蔬菜、甜糯玉米开始育苗与移栽,茶树开始萌芽,桃、梨等果树开花期,是加强肥水管理的关键时期,对大田粮油作物进行"三沟"清理,茶园和果园分别施好"催芽肥"和"促花肥"。

## 农业科技

早春鲜食甜玉米、糯玉米种植技术：①连片隔离种植。甜玉米、糯玉米类型比较多，不能混杂种植，避免串粉影响品质，不同类型品种之间间隔 300 米。②抢墒整地施肥。旋耕后撒施底肥，亩施生物有机肥 300 千克左右、45％三元复合肥 30～50 千克；按 120 厘米宽开沟起垄，整碎土垡。③条穴定距播种。每垄播种两行，垄上窄行距 40 厘米，穴距 33 厘米，垄面喷施封闭除草剂精异丙甲草胺、撒施毒死蜱颗粒剂预防地下害虫，抢墒覆盖 80～90 厘米宽幅地膜；育苗移栽地块，抢在冷尾暖头移栽，移栽前一天苗床浇水，并喷施杀虫剂和叶面肥，让幼苗带水、带肥、带药下田；牵绳定距打洞移栽，推行宽窄行定植，亩密度 3300 株左右，做到苗分级、叶定向、浇足水，扎竹弓覆盖 2 米幅宽农膜，结合盖膜清理三沟。④培育群体壮苗。一是出苗期及时破膜放苗，幼苗 3～4 叶期，对准幼苗将地膜划开一小口接苗出膜，随即用细土封严膜口；二是查苗补缺保全苗，对缺苗的及时选用备用大苗补栽；三是防治病虫草害，苗期防治地老虎等地下害虫，后期防治玉米螟，及时清理沟边杂草。⑤适期采收鲜穗。一是掌握授粉时间，甜玉米宜在授粉 20 天左右采收，糯玉米授粉后 24～26 天采收；二是观察果穗外观，当雌穗花丝干枯呈暗黄或黑褐色，苞叶颜色转为淡绿，穗上籽粒饱满；三是灌浆期间温度、春播夏收的区域，灌浆期气温升高，宜适期早收，夏、秋播种，秋季收获，灌浆期温度下降，宜适期推迟收获。

### 表 2-3　世界 20 个谷物主产国谷物生产情况

| 国家 | 2018 年 | | 2010 年 | | 2018 年 | |
|---|---|---|---|---|---|---|
| | 总人口（万人） | 农村人口（万人） | 面积（万亩） | 总产量（万吨） | 面积（万亩） | 总产量（万吨） |
| 世界 | 763109 | 341300 | 1040744 | 246742 | 1092137 | 296287 |
| 中国 | 139610 | 56401 | 134777 | 49637 | 149507 | 13144 |
| 美国 | 32710 | 5798 | 86226 | 40113 | 80759 | 46795 |
| 印度 | 135264 | 89327 | 150114 | 26784 | 147012 | 31832 |
| 印度尼西亚 | 26767 | 11919 | 26078 | 8408 | 32513 | 11329 |
| 俄罗斯联邦 | 14573 | 3681 | 48531 | 5962 | 62975 | 10984 |
| 巴西 | 20947 | 2832 | 27902 | 7516 | 32169 | 10306 |
| 阿根廷 | 4936 | 363 | 12458 | 4027 | 22667 | 7059 |
| 乌克兰 | 4425 | 1349 | 21282 | 3869 | 21363 | 6911 |
| 法国 | 6449 | 1276 | 13971 | 6584 | 13670 | 6274 |
| 孟加拉国 | 16138 | 10542 | 18141 | 5186 | 19043 | 6082 |
| 加拿大 | 3707 | 687 | 19713 | 4612 | 22467 | 5810 |
| 越南 | 9555 | 6183 | 12926 | 4461 | 12908 | 4892 |
| 巴基斯坦 | 21223 | 12718 | 19998 | 3481 | 20520 | 4274 |
| 泰国 | 6943 | 3463 | 19962 | 4089 | 17618 | 3756 |
| 德国 | 8312 | 1867 | 9881 | 4404 | 9153 | 3796 |
| 墨西哥 | 12619 | 2595 | 14964 | 3493 | 14139 | 3607 |
| 土耳其 | 8234 | 2036 | 18023 | 3276 | 16307 | 3440 |
| 澳大利亚 | 2498 | | 30212 | 3346 | 24953 | 3386 |
| 缅甸 | 5371 | 3739 | 13404 | 3404 | 11658 | 2801 |
| 波兰 | 3792 | 1522 | 11396 | 2723 | 11709 | 2678 |

资料来源：联合国 FAO 数据库。

# 3月 中旬

## 生育进程

| | |
|---|---|
| **小（大）麦：** 孕穗期 | **油菜：** 盛花期 | **早春鲜食甜玉米、糯玉米：** 移栽缓苗期 |

| | | |
|---|---|---|
| **马铃薯：** 山区春播进入播种期；平原丘陵地区冬播马铃薯苗期 | **春季鲜食甜玉米、糯玉米：** 播种育苗期 |
| **西瓜、甜瓜：** 大棚西瓜、甜瓜缓苗期；露地西瓜、甜瓜出苗期 | **普通春玉米：** 平原丘陵地区播种期 |
| **梨：** 萌芽、展叶、开花期 | **桃：** 开花、萌芽期 | **葡萄：** 伤流期、萌芽期 |

## 旬气象条件

| 气象站点 | 武汉 | 黄冈 | 荆州 | 襄阳 | 宜昌 | 恩施 |
|---|---|---|---|---|---|---|
| 纬度 | 30°37′ | 30°26′ | 30°21′ | 32°2′ | 30°42′ | 30°17′ |
| 经度 | 114°8′ | 114°54′ | 112°9′ | 112°10′ | 111°18′ | 109°28′ |
| 平均气温(℃) | 11.3 | 11.3 | 10.9 | 10.4 | 11.5 | 11.2 |
| 极端高温 温度(℃) | 29.9 | 28.7 | 27.9 | 27.3 | 30.1 | 29.8 |
| 极端高温 出现日期 | 2010-3-19 | 2010-3-19 | 1956-3-17 | 2010-3-19 | 2010-3-19 | 2010-3-20 |
| 极端低温 温度(℃) | −3.1 | −2 | −3.2 | −2.2 | −1.3 | 0.4 |
| 极端低温 出现日期 | 1957-3-13 | 1957-3-13 | 1957-3-13 | 2005-3-12 | 1957-3-13 | 1994-3-14 |
| 旬日照(小时) | 36 | 34.3 | 32.6 | 44 | 30.6 | 23.4 |
| 降水量(毫米) | 33.5 | 37.8 | 25 | 16.5 | 20.3 | 21.6 |

## 防灾减灾

小麦病虫害绿色防控技术：①农业防治技术。推广抗病虫品种，科学水肥管理。②药剂拌种技术，条锈病用三唑酮、戊唑醇等种衣剂包衣或拌种，全蚀病采取苯醚甲环唑悬浮种衣剂或硅噻菌胺（全蚀净）悬浮剂包衣或拌种，地下害虫选用辛硫磷或毒死蜱拌种。③在冬春季对小麦条锈病全面落实"带药侦查、打点保面"防控策略，推广小麦病害防控"关口前移"技术，在小麦条锈病发病初期，对大田的小麦进行酸性氧化电解水喷施，每亩喷施酸性氧化电解水

延杆自走式喷雾机喷药

45千克。防治次数视病情而定，一般喷施2～3次，每次间隔5～7天。在大流行期，要落实"发现一片，防治一面"的预防措施，及时控制发病中心。④在抽穗扬花期，对赤霉病实施统防统治，选用氰烯菌酯、戊唑·咪鲜胺等药剂防治。⑤推广植物免疫诱抗技术，应用海岛素、芸苔素在分蘖

期、拔节期可喷施1～2遍,增强植物的抗病和抗逆能力。⑥科学合理使用高效低毒化学药剂。

小(大)麦"一喷三防"技术:在小(大)麦始穗至齐穗扬花期,使用杀虫剂、杀菌剂、植物生长调节剂、叶面肥、微肥等混配剂喷雾,达到防病虫害、防干热风、防倒伏,增粒增重,确保小麦增产的一项关键技术措施。

植保无人机喷药

预防纹枯病可选用井冈霉素、己唑醇,预防锈病、白粉病、赤霉病可选用三唑酮、多菌灵、戊唑醇等,防虫可选用阿维菌素、高·阿维等,植物激素可选用"碧护"(芸苔素内酯),叶面肥可用磷酸二氢钾、活力素、尿素等。

表2-4　世界20个小麦主产国小麦生产情况

| 国家 | 2010 年 | | | 2018 年 | | |
|------|---------|---|---|---------|---|---|
| | 面积(万亩) | 总产量(万吨) | 单产(千克/亩) | 面积(万亩) | 总产量(万吨) | 单产(千克/亩) |
| 世界 | 323405 | 64080 | 198.1 | 321438 | 73405 | 228.3 |
| 中国 | 36386 | 11614 | 319.3 | 36399 | 13144 | 361.1 |
| 印度 | 42686 | 8080 | 189.3 | 44370 | 9970 | 224.7 |
| 俄罗斯 | 32460 | 4151 | 127.9 | 39708 | 7214 | 181.7 |
| 美国 | 28907 | 6006 | 207.8 | 24042 | 5129 | 213.3 |
| 法国 | 8141 | 3821 | 469.3 | 7848 | 3580 | 456.2 |
| 加拿大 | 12444 | 2330 | 187.3 | 14822 | 3177 | 214.3 |
| 巴基斯坦 | 13698 | 2331 | 170.2 | 13196 | 2508 | 190.0 |
| 乌克兰 | 9426 | 1685 | 178.8 | 9930 | 2465 | 248.3 |
| 澳大利亚 | 20822 | 2183 | 104.9 | 16379 | 2094 | 127.9 |
| 德国 | 4947 | 2378 | 480.8 | 4554 | 2026 | 444.9 |
| 土耳其 | 12095 | 1967 | 162.7 | 10934 | 2000 | 182.9 |
| 阿根廷 | 4988 | 902 | 180.7 | 8733 | 1852 | 212.1 |
| 伊朗 | 9933 | 1214 | 122.3 | 10050 | 1450 | 144.3 |
| 哈萨克斯坦 | 19707 | 964 | 48.9 | 17031 | 1394 | 81.9 |
| 英国 | 2909 | 1488 | 511.7 | 2622 | 1356 | 517.0 |
| 罗马尼亚 | 3230 | 581 | 180.0 | 3168 | 1014 | 320.1 |
| 波兰 | 3186 | 941 | 295.3 | 3626 | 982 | 270.9 |
| 埃及 | 1932 | 718 | 371.6 | 1973 | 880 | 446.0 |
| 西班牙 | 2922 | 594 | 203.3 | 3096 | 799 | 258.1 |
| 意大利 | 2757 | 685 | 249.5 | 2733 | 693 | 253.7 |

资料来源:联合国 FAO 数据库。

**3月 下旬**

## 生育进程

| | | |
|---|---|---|
| **小麦：** 孕穗期 | **大麦：** 抽穗扬花期 | **油菜：** 盛花至终花期 |
| **马铃薯：** 山区春播马铃薯播种期；平原丘陵地区冬播马铃薯进入现蕾期 | | **早稻、再生稻：** 播种育秧期 |
| **早春鲜食甜玉米、糯玉米：** 苗期 | **春季鲜食甜玉米、糯玉米：** 出苗期 | **春播蔬菜：** 播种、定植期 |
| **春玉米：** 平原丘陵地区播种出苗期 | **西瓜、甜瓜：** 大棚西瓜、甜瓜伸蔓期 | **梨：** 萌芽、展叶、开花期 |
| **桃：** 开花末期、萌芽期、新梢生长期 | | **葡萄：** 萌芽期 |

## 旬气象条件

| 气象站点 | 武汉 | 黄冈 | 荆州 | 襄阳 | 宜昌 | 恩施 |
|---|---|---|---|---|---|---|
| 纬度 | 30°37′ | 30°26′ | 30°21′ | 32°2′ | 30°42′ | 30°17′ |
| 经度 | 114°8′ | 114°54′ | 112°9′ | 112°10′ | 111°18′ | 109°28′ |
| 平均气温(℃) | 12.2 | 12.3 | 12.1 | 11.6 | 12.7 | 12.5 |
| 极端高温 温度(℃) | 32.4 | 30 | 29.9 | 29.7 | 33 | 31.8 |
| 极端高温 出现日期 | 2007-3-30 | 2007-3-29 | 2007-3-30 | 2000-3-27 | 2007-3-30 | 2007-3-29 |
| 极端低温 温度(℃) | −0.6 | −0.6 | 0.6 | −1.4 | 1.1 | 0.9 |
| 极端低温 出现日期 | 1998-3-21 | 1998-3-21 | 1980-3-22 | 1962-3-25 | 1982-3-25 | 1970-3-26 |
| 旬日照(小时) | 41.3 | 41.3 | 39.8 | 48.6 | 34.5 | 25.2 |
| 降水量(毫米) | 31.9 | 40.9 | 25.4 | 16.7 | 20.8 | 25 |

## 农时节气　春分

　　春分在二十四节气中是最早使用的节气，这天在阳历3月20—22日，太阳处在黄经0°的位置，太阳直射赤道，南、北半球昼夜时间相等。

　　春分时节，越冬作物小麦、大麦进入孕穗期，蚕（豌）豆开始结荚，油菜终花期，冬播马铃薯开始发芽，茶园开始采摘；早春大田甜玉米、糯玉米育苗移栽，早稻在3月25日前后开始抢在冷尾暖头适期播种。

## 农业科技

　　早稻、再生稻育秧前准备：一是选用优质、高产、抗逆性强、适应性广的品种，早稻每亩大田准备常规稻种子3.5千克或杂交稻种子2.5千克左右，再生稻选用适宜做再生栽培的中、早熟杂交稻（或常规稻），分别备种2千克/亩、4千克/亩。二是备足育秧塑料盘，机插栽培需准备秧盘25～30张，若用25厘米窄行距秧盘需增加10张。三是备足育秧细土，

大棚育秧

每亩大田备足营养细土 200 千克,以及壮秧剂、旱育保姆、塑料农膜等。

中棚育秧

早稻、再生稻保温催芽播种:人工插(抛)可采取保温湿润育秧或旱育秧,湿润育秧秧田与大田面积比例 1:(8~10),旱育秧秧田与大田面积比例 1:(25~30);机插秧采取湿板育秧或工厂化集中育秧,秧田与大田面积比例为 1:100 左右。苗床或秧田底肥每亩用三元复合肥 25 千克,结合耕整均匀撒施,播种 3 天前做好秧板,旱育和湿润育秧播种后覆土或塌谷;机插秧播种程序为铺盘→装土(每盘营养土拌 15 克壮秧剂)→浇足底水→均匀播种(常规稻种 100~120 克,杂交稻种 80~100 克)→覆土盖种,工厂化育秧播种后叠盘堆放 24 小时暗化处理促发芽,然后摆入秧床;播种后覆盖农膜或在大棚保温保湿育秧;2 叶期喷施多效唑500 倍液控旺促壮。

小拱棚育秧

人工播种　　　轨道架播种　　　机播流水线　　　播后暗化处理　　　摆盘

 瞭望台

表 2-5　世界 20 个稻谷主产国稻谷生产情况

| 国家 | 2010 年 | | | 2018 年 | | |
|---|---|---|---|---|---|---|
| | 面积（万亩） | 总产量（万吨） | 单产（千克/亩） | 面积（万亩） | 总产量（万吨） | 单产（千克/亩） |
| 世界 | 242550 | 70114 | 289.1 | 250700 | 78200 | 311.9 |
| 中国 | 45146 | 19723 | 436.9 | 45285 | 21213 | 468.5 |
| 印度 | 64293 | 14396 | 223.9 | 66750 | 17258 | 258.5 |
| 印度尼西亚 | 19880 | 6647 | 334.3 | 23993 | 8304 | 346.1 |
| 孟加拉国 | 17294 | 5006 | 289.5 | 17865 | 5642 | 315.8 |
| 越南 | 11234 | 4001 | 356.1 | 11357 | 4405 | 387.9 |
| 泰国 | 17898 | 3570 | 199.5 | 15611 | 3219 | 206.2 |
| 缅甸 | 12017 | 3207 | 266.9 | 10059 | 2542 | 252.7 |
| 菲律宾 | 6531 | 1577 | 241.5 | 7200 | 1907 | 264.8 |
| 巴西 | 4083 | 1124 | 275.1 | 2792 | 1175 | 420.8 |
| 巴基斯坦 | 3548 | 723 | 203.9 | 4215 | 1086 | 256.3 |
| 美国 | 2195 | 1103 | 502.5 | 1770 | 1017 | 574.7 |
| 日本 | 2442 | 1060 | 434.3 | 2205 | 973 | 441.1 |
| 尼日利亚 | 3650 | 447 | 122.6 | 5019 | 681 | 135.7 |
| 韩国 | 1338 | 581 | 434.9 | 1107 | 520 | 136.2 |
| 埃及 | 690 | 433 | 628.1 | 833 | 490 | 588.4 |
| 斯里兰卡 | 1590 | 430 | 270.4 | 1562 | 393 | 251.7 |
| 马来西亚 | 1017 | 246 | 242.4 | 1001 | 272 | 271.8 |
| 朝鲜 | 855 | 243 | 283.7 | 707 | 209 | 295.5 |
| 伊朗 | 846 | 249 | 294.6 | 871 | 199 | 228.7 |
| 意大利 | 372 | 152 | 408.1 | 345 | 151 | 439.2 |

资料来源:联合国 FAO 数据库。

## 二、4 月农作物生育进程与气象条件

**4月 上旬**

### 生育进程

**小麦：** 孕穗至抽穗期　　　　**大麦：** 开花灌浆期　　　　　　　　**油菜：** 终花期

**马铃薯：** 高山地区春播播种期；平原丘陵地区冬播马铃薯现蕾期　　**早稻、再生稻：** 播种至秧苗期

**鲜食甜玉米、糯玉米：** 早春季的苗期；春季露地的移栽期、出苗期　**山区中稻：** 播种育秧期

**春玉米：** 平原丘陵地区播种出苗期；二高山玉米播种期　　　　　　**棉花：** 播种育苗期

**西瓜、甜瓜：** 大棚西瓜、甜瓜伸蔓期；露地西瓜、甜瓜幼苗期　　**花生：** 春播花生播种期

**梨：** 幼果膨大期　　　　　　**桃：** 新梢生长期、幼果发育期　　　**葡萄：** 葡萄萌芽、新梢生长期

**柑橘：** 春梢抽发、花期

### 旬气象条件

| 气象站点 | | 武汉 | 黄冈 | 荆州 | 襄阳 | 宜昌 | 恩施 |
|---|---|---|---|---|---|---|---|
| 纬度 | | 30°37′ | 30°26′ | 30°21′ | 32°2′ | 30°42′ | 30°17′ |
| 经度 | | 114°8′ | 114°54′ | 112°9′ | 112°10′ | 111°18′ | 109°28′ |
| 平均气温(℃) | | 15.6 | 15.5 | 15.2 | 14.7 | 15.6 | 14.9 |
| 极端高温 | 温度(℃) | 32.7 | 31.6 | 31.8 | 31.3 | 32.5 | 32.8 |
| | 出现日期 | 2006-4-3 | 2018-4-3 | 1969-4-10 | 2018-4-3 | 2005-4-6 | 1969-4-10 |
| 极端低温 | 温度(℃) | −0.3 | 0.7 | −0.5 | −0.1 | 0.4 | 1.1 |
| | 出现日期 | 1963-4-8 | 1969-4-4 | 1969-4-5 | 1987-4-1 | 1972-4-1 | 1972-4-1 |
| 旬日照(小时) | | 46.6 | 46.8 | 39.5 | 52.1 | 36.5 | 28.2 |
| 降水量(毫米) | | 36 | 40.3 | 31.8 | 17.3 | 28.3 | 40.8 |

（左侧竖排）旬气象参数

### 农时节气　清明

天气清澈明朗为"清"，万物欣欣向荣为"明"。每年阳历 4 月 4—6 日，太阳到达黄经 15°时为"清明"节气。

"清明前后，点瓜种豆"，"清明时节，小雨纷纷"。此时小麦开始抽穗，油菜结荚，平原地区冬播马铃薯块茎开始膨大，是病虫害防治的关键时期，要搞好小麦、油菜"一喷三防"，清沟排渍；马铃薯晚疫病防治；平原丘陵地区，开始播种春玉米、春大豆、甘薯育苗，西甜瓜移栽，搞好一播（栽）全苗。

**农业科技**

表 2-6 玉米生长发育对生态环境条件的基本要求

| 生育阶段 | | 最低 | 最适 | 最高 | 对温度敏感性 |
|---|---|---|---|---|---|
| 温度 | 种子发芽 | 8～10℃ | 25～35℃ | 44℃ | |
| | 苗期 | −2～3℃ | 15℃以上 | | 能忍受−3℃晚霜 |
| | 穗分化期 | | 24～25℃ | | ≥18℃才能拔节 |
| | 开花期 | | 26～27℃ | 32～34℃ | −3～−2℃早霜植株死亡,≥35℃授粉不良 |
| | 灌浆结实期 | | 20～24℃ | | 低于16℃不能正常成熟 |
| 水分 | 种子发芽 | 需吸收自身重量48%～50%的水分 | | | |
| | 出苗 | 适宜土壤水分为田间最大持水量的60%～70% | | | |
| | 苗期 | 适宜土壤水分为田间最大持水量的60%,湿度过大根系生长受阻,严重时出现紫红苗 | | | |
| | 拔节期 | 适宜土壤需水量为田间最大持水量的75% | | | |
| | 抽雄吐丝 | 是玉米需水临界期,要求土壤水分达最大持水量的70%～80%,遇干旱雄穗抽不出,出现"卡脖旱" | | | |
| | 籽粒灌浆期 | 要求土壤水分为田间最大持水量的60%左右 | | | |

表 2-7 世界 20 个玉米主产国玉米生产情况

| 国家 | 2010 年 | | | 2018 年 | | |
|---|---|---|---|---|---|---|
| | 面积（万亩） | 总产量（万吨） | 单产（千克/亩） | 面积（万亩） | 总产量（万吨） | 单产（千克/亩） |
| 世界 | 246030 | 85168 | 346.2 | 290601 | 117462 | 394.9 |
| 中国 | 52466 | 19075 | 363.6 | 63195 | 25717 | 406.9 |
| 美国 | 49440 | 31562 | 638.4 | 49619 | 39245 | 791.7 |
| 巴西 | 19019 | 5536 | 291.1 | 24182 | 8299 | 340.3 |
| 阿根廷 | 4356 | 2266 | 520.3 | 10709 | 4346 | 405.9 |
| 乌克兰 | 3972 | 1195 | 301.0 | 6846 | 3580 | 522.9 |
| 印度尼西亚 | 6198 | 1833 | 295.7 | 8520 | 3025 | 355.1 |
| 印度 | 12830 | 2173 | 169.3 | 13800 | 2782 | 201.6 |
| 墨西哥 | 10722 | 2330 | 217.3 | 10685 | 2717 | 255.0 |
| 罗马尼亚 | 3141 | 904 | 287.9 | 3665 | 1866 | 509.4 |
| 加拿大 | 1805 | 1204 | 667.5 | 2147 | 1388 | 647.0 |
| 俄罗斯 | 1538 | 308 | 200.6 | 3564 | 1142 | 320.2 |
| 法国 | 2375 | 1398 | 588.7 | 2133 | 1267 | 593.9 |
| 南非 | 4113 | 1282 | 311.6 | 3479 | 1251 | 359.7 |
| 尼日利亚 | 6224 | 768 | 123.3 | 7280 | 1016 | 139.5 |
| 菲律宾 | 3749 | 638 | 170.1 | 3767 | 777 | 206.3 |
| 埃及 | 1454 | 704 | 484.7 | 1404 | 730 | 520.1 |
| 巴基斯坦 | 1461 | 371 | 253.7 | 1977 | 631 | 319.1 |
| 意大利 | 1391 | 850 | 611.1 | 887 | 618 | 810.1 |
| 土耳其 | 891 | 431 | 484.1 | 888 | 570 | 642.4 |
| 泰国 | 1745 | 486 | 278.7 | 1667 | 500 | 300.3 |

资料来源:联合国 FAO 数据库。

**4月 中旬**

## 生育进程

| | |
|---|---|
| **小麦：**齐穗扬花期 | **大麦：**灌浆期　　**油菜：**角果发育期 |
| **马铃薯：**平原丘陵地区冬播马铃薯块茎膨大期 | **早稻、再生稻、山区中稻：**秧苗期 |
| **早春鲜食甜玉米、糯玉米：**拔节期 | **春季鲜食甜玉米、糯玉米：**苗期 |
| **春玉米：**出苗到苗期；二高山地区播种 | **西瓜、甜瓜：**大棚西瓜、甜瓜雄花开花期，露地处于缓苗期 |
| **花生：**春播花生播种、出苗期 | **棉花：**播种育苗期　　**梨：**幼果膨大期 |
| **桃：**新梢生长期、幼果发育期 | **葡萄：**新梢生长期、显序期 |

## 旬气象条件

| 气象站点 | 武汉 | 黄冈 | 荆州 | 襄阳 | 宜昌 | 恩施 |
|---|---|---|---|---|---|---|
| 纬度 | 30°37′ | 30°26′ | 30°21′ | 32°2′ | 30°42′ | 30°17′ |
| 经度 | 114°8′ | 114°54′ | 112°9′ | 112°10′ | 111°18′ | 109°28′ |
| 平均气温(℃) | 17.4 | 17.2 | 17 | 16.8 | 17.4 | 16.4 |
| 极端高温　温度(℃) | 35.1 | 33.8 | 33.1 | 33.6 | 35.6 | 33.6 |
| 极端高温　出现日期 | 2004-4-20 | 2004-4-20 | 2004-4-20 | 2004-4-20 | 2004-4-19 | 2004-4-20 |
| 极端低温　温度(℃) | 1.4 | 3 | 2.4 | 2.3 | 3.5 | 3.3 |
| 极端低温　出现日期 | 1980-4-14 | 1980-4-14 | 2010-4-15 | 2010-4-15 | 2010-4-14 | 1987-4-14 |
| 旬日照(小时) | 50.3 | 50.2 | 47.5 | 58.4 | 45.3 | 37.7 |
| 降水量(毫米) | 45.2 | 50.2 | 47 | 23.9 | 32.8 | 44.1 |

左侧纵向文字：旬气象参数

## 农业科技

表 2-8　大豆生长发育对生态环境条件的基本要求

| | 生育阶段 | 最低 | 最适 | 最高 | 对温度敏感性 |
|---|---|---|---|---|---|
| 温度 | 种子发芽 | 6～7℃ | 20～25℃ | 40℃ | |
| | 出苗 | 8～10℃ | 20～21℃ | 35℃ | 低于9℃不能出苗 |
| | 花芽分化期 | 10℃ | 21～23℃ | 30℃ | |
| | 开花期 | 15℃ | 22～25℃ | 30℃ | 低于13℃停止开花 |
| | 结荚鼓粒期 | | 21～23℃ | | |
| | 成熟期 | | 19～20℃ | | |
| 水分 | 大豆是需水较多的作物，每生产1千克大豆需耗水1吨左右 | | | | 占总耗水量百分比 |
| | 播种出苗期 | 田间土壤最适的持水量为60%～65% | | | 5% |
| | 分枝期 | 田间土壤最适的持水量为65%～70% | | | 17% |
| | 开花结荚期 | 田间土壤最适的持水量为70%～80% | | | 45% |
| | 鼓粒期 | 田间土壤最适的持水量为70%～75% | | | 24% |

表 2-9　花生生长发育对生态环境条件的基本要求

| 生育阶段 | | 最低 | 最适 | 最高 | 对温度敏感性 |
|---|---|---|---|---|---|
| 温度 | 种子发芽 | 12～15℃ | 25～37℃ | 40℃ | |
| | 幼苗期 | 10℃ | 20～22℃ | 35℃ | 不耐 4℃ 低温 |
| | 花针期 | 20℃ | 25～28℃ | 30℃ | 低于 18℃，高于 35℃ 不能正常受精 |
| | 结荚期 | 20℃ | 25～33℃ | 40℃ | |
| | 饱果期 | 20℃ | 25～30℃ | | 低于 20℃ 茎枝枯衰 |
| 水分 | 种子发芽出苗 | 土壤水分为田间最大持水量的 60% 左右，高于 70%，低于 40% 不能正常出苗 | | | |
| | 幼苗期 | 土壤水分为田间最大持水量的 45%～55% | | | |
| | 花针期 | 土壤水分为田间最大持水量的 60%～70%，低于 40% 灌溉 | | | |
| | 结荚期 | 土壤水分为田间最大持水量的 60%～75%，高于 80% 排渍 | | | |
| | 饱果期 | 土壤水分为田间最大持水量的 40%～50% | | | |

表 2-10　世界 10 个大豆主产国大豆生产情况

| 国家 | 2010 年 | | | 2018 年 | | |
|---|---|---|---|---|---|---|
| | 面积(万亩) | 总产量(万吨) | 单产(千克/亩) | 面积(万亩) | 总产量(万吨) | 单产(千克/亩) |
| 世界 | 154152 | 26509 | 171.9 | 187383 | 34871 | 186.1 |
| 美国 | 46505 | 9066 | 194.9 | 53486 | 12366 | 231.2 |
| 巴西 | 34991 | 6876 | 196.5 | 52158 | 11789 | 226.0 |
| 阿根廷 | 27197 | 5268 | 193.7 | 24477 | 3779 | 154.4 |
| 中国 | 13050 | 1541 | 118.1 | 12620 | 1597 | 126.5 |
| 印度 | 14331 | 1274 | 88.9 | 17100 | 1379 | 80.6 |
| 加拿大 | 2259 | 444 | 196.7 | 3810 | 727 | 190.7 |
| 乌克兰 | 1556 | 168 | 108.1 | 2594 | 446 | 172.0 |
| 俄罗斯 | 1554 | 122 | 78.7 | 4112 | 403 | 277.3 |
| 意大利 | 240 | 55 | 230.9 | 491 | 114 | 232.5 |
| 南非 | 467 | 57 | 121.1 | 1181 | 154 | 130.4 |

资料来源：联合国 FAO 数据库。

表 2-11　世界 10 个花生主产国花生生产情况

| 国家 | 2010 年 | | | 2018 年 | | |
|---|---|---|---|---|---|---|
| | 面积(万亩) | 总产量(万吨) | 单产(千克/亩) | 面积(万亩) | 总产量(万吨) | 单产(千克/亩) |
| 世界 | 39213 | 4348 | 110.9 | 42773 | 4595 | 107.4 |
| 中国 | 6858 | 1564 | 230.3 | 6930 | 1733 | 250.1 |
| 印度 | 8790 | 827 | 94.0 | 7410 | 670 | 90.3 |
| 尼日利亚 | 4184 | 380 | 90.8 | 4368 | 289 | 66.1 |
| 苏丹 | | | | 4598 | 288 | 62.7 |
| 美国 | 762 | 189 | 247.5 | 831 | 248 | 298.2 |
| 缅甸 | 1316 | 137 | 104.1 | 1544 | 160 | 103.6 |
| 坦桑尼亚 | 723 | 47 | 64.3 | 1434 | 94 | 65.6 |
| 阿根廷 | 329 | 61 | 186.1 | 666 | 92 | 138.3 |
| 乍得 | 1560 | 110 | 72.7 | 1181 | 89 | 75.7 |
| 塞内加尔 | 1794 | 129 | 71.7 | 1445 | 85 | 58.6 |

资料来源：联合国 FAO 数据库。

## 4月 下旬

### 生育进程

| | | |
|---|---|---|
| 小麦：籽粒形成期 | 大麦：灌浆期 | 油菜：籽粒灌浆期 |
| 马铃薯：高山春播马铃薯出苗期；平原丘陵冬播马铃薯块茎膨大期 | | 早稻、再生稻：移栽期 |
| 西瓜、甜瓜：大棚西瓜、甜瓜雌花开花期；露地西瓜、甜瓜伸蔓期 | | 山区中稻：秧苗期 |
| 春玉米：苗期 | 早春鲜食甜玉米、糯玉米：拔节期 | 沿江平原中稻：播种期 |
| 棉花：育苗期 | 春季鲜食甜玉米、糯玉米：苗期 | 花生：春播花生苗期 |
| 梨：幼果膨大期 | 桃：新梢生长期、幼果发育、定果期 | 葡萄：新梢生长、显序、开花期 |

### 旬气象条件

| 气象站点 | | 武汉 | 黄冈 | 荆州 | 襄阳 | 宜昌 | 恩施 |
|---|---|---|---|---|---|---|---|
| 纬度 | | 30°37′ | 30°26′ | 30°21′ | 32°2′ | 30°42′ | 30°17′ |
| 经度 | | 114°8′ | 114°54′ | 112°9′ | 112°10′ | 111°18′ | 109°28′ |
| 平均气温(℃) | | 19.4 | 19.4 | 18.9 | 18.5 | 19.3 | 18.1 |
| 极端高温 | 温度(℃) | 33.5 | 35 | 33.3 | 34.7 | 36.7 | 37 |
| | 出现日期 | 1994-4-30 | 2011-4-29 | 2004-4-22 | 2011-4-29 | 2004-4-22 | 2004-4-22 |
| 极端低温 | 温度(℃) | 5.1 | 6.4 | 4.4 | 3.5 | 7.9 | 6 |
| | 出现日期 | 1965-4-29 | 1965-4-28 | 1968-4-26 | 1978-4-22 | 1978-4-21 | 1996-4-22 |
| 旬日照(小时) | | 56 | 58.1 | 51.9 | 60.1 | 47.3 | 41.9 |
| 降水量(毫米) | | 54.3 | 54.5 | 36.4 | 20.3 | 28.7 | 47.3 |

### 农时节气　谷雨

　　每年4月19—21日，太阳到达黄经30°时为"谷雨"节气，谷雨是"雨生百谷"的意思。这时庄稼人已在田里插早稻秧；需要大量雨水湿润泥土，禾苗有足够的雨水，才能苗壮成长。小麦、油菜及时进行雨后清沟排渍；春播玉米、高粱适时间苗定苗，预防地下害虫。

### 农业科技

　　油菜"一促四防"技术：该项技术是在油菜始花至盛花期，喷施杀菌剂、杀虫剂、植物生长调节剂、硼肥和磷酸二氢钾等混配液，达到促进油菜后期生长发育，防病虫、防花而不实、防早衰、防高温逼熟，增加角果数、角粒数和粒重的一项技术措施。混合用药需加大用水量，自下向上喷雾油菜中下部茎叶，花期雨水多应加强防治。

### 防灾减灾

　　油菜菌核病及防治：油菜菌核病是世界性病害，中国长江中下游及东南沿海发病最重，发病率一般为 10%～30%,严重田块达到 80% 以上,还会使病株种子含油量锐减。

油菜菌核病又称菌核杆腐病,是由核盘菌引起的,主要为害油菜的茎、叶、花、角果、种子。一般发生于花期。花瓣感病后呈暗黄色、水渍状;叶片感病后首先褪绿成淡黄色,后变为黄褐色、水渍状、近圆形斑块。

油菜菌核病田块

病菌在 5～30℃ 范围内均可形成菌核,适温为 15～25℃,菌核萌发产生子囊盘柄的适宜温度为 10～20℃,产生子囊盘的最适温度为 15～18℃,相对湿度 85% 以上。

防治方法:①选用抗病品种,兼顾早熟、优质、高产。②防止种子带菌,通过筛选、药剂拌种等方法消除菌核和杀灭种子表皮病菌。③加强田管,开沟排水降渍,改善群体结构和环境条件,促进油菜健康抑菌。④适时药剂防治。初花期用 40% 菌核净 50 克或 50% 多菌灵可湿性粉剂 100 克或 70% 甲基托布津 100～150 毫升,兑水 50～70 千克喷雾 1～2 次,相隔约 7 天。2 次喷药后若遇连阴雨,应进行第三次喷药。最好选用无人机喷药。

油菜菌核病植株

 瞭望台

表 2-12 世界 20 个油菜籽主产国油菜籽生产情况

| 国家 | 2010 年 | | | 2018 年 | | |
|---|---|---|---|---|---|---|
| | 面积 (万亩) | 总产量 (万吨) | 单产 (千克/亩) | 面积 (万亩) | 总产量 (万吨) | 单产 (千克/亩) |
| 世界 | 48144 | 5985 | 124.3 | 56370 | 7500 | 133.1 |
| 加拿大 | 10287 | 1279 | 124.3 | 13680 | 2034 | 148.7 |
| 中国 | 11054 | 1308 | 118.3 | 9827 | 1328 | 135.2 |
| 印度 | 8370 | 661 | 78.9 | 10050 | 843 | 83.6 |
| 法国 | 2198 | 482 | 219.1 | 2424 | 495 | 204.1 |
| 澳大利亚 | 2543 | 191 | 75.0 | 4757 | 389 | 81.9 |
| 德国 | 2192 | 570 | 259.9 | 1836 | 367 | 199.9 |
| 乌克兰 | 1295 | 147 | 113.6 | 1559 | 275 | 176.5 |
| 波兰 | 1418 | 223 | 157.1 | 1254 | 220 | 175.8 |
| 英国 | 963 | 223 | 231.7 | 875 | 201 | 230.1 |
| 俄罗斯 | 911 | 67 | 73.5 | 2249 | 199 | 88.5 |
| 美国 | 870 | 111 | 127.9 | 1184 | 164 | 139.0 |
| 罗马尼亚 | 791 | 94 | 119.3 | 950 | 161 | 169.6 |
| 匈牙利 | 389 | 53 | 136.4 | 497 | 100 | 201.1 |
| 丹麦 | 251 | 58 | 232.1 | 215 | 49 | 228.7 |
| 斯洛伐克 | 246 | 32 | 131.1 | 231 | 48 | 207.5 |
| 保加利亚 | 318 | 54 | 171.4 | 275 | 47 | 171.9 |
| 白俄罗斯 | 461 | 37 | 81.3 | 524 | 46 | 87.0 |
| 立陶宛 | 378 | 42 | 110.3 | 308 | 43 | 140.7 |
| 哈萨克斯坦 | 458 | 11 | 23.9 | 548 | 39 | 71.9 |
| 孟加拉国 | 363 | 22 | 61.1 | 462 | 35 | 76.2 |

资料来源:联合国 FAO 数据库。

## 三、5 月农作物生育进程与气象条件

**5月上旬**

### 生育进程

| | | |
|---|---|---|
| 小麦：灌浆期 | 大麦：成熟期 | 油菜：黄熟期 |
| 早稻、再生稻：返青至分蘖期 | 山区中稻：秧苗期至栽插期 | 沿江平原中稻：播种出苗期 |
| 鲜食甜玉米、糯玉米：早春的抽雄、吐丝期；春季的拔节期 | | 春玉米：苗期到拔节期 |
| 马铃薯：高山春播马铃薯苗期，平原丘陵地区冬播马铃薯开花期 | | 棉花：育苗至移栽期 |
| 西瓜、甜瓜：大棚瓜果实膨大期，露地瓜雄花开花期 | | 花生：春播花生苗期 |
| 桃：新梢生长、定果、果实膨大期 | | 梨：幼果生长期 |
| 柑橘：谢花期、第一次生理落果期 | | 葡萄：开花期 |

### 旬气象条件

| 气象站点 | 武汉 | 黄冈 | 荆州 | 襄阳 | 宜昌 | 恩施 |
|---|---|---|---|---|---|---|
| 纬度 | 30°37′ | 30°26′ | 30°21′ | 32°2′ | 30°42′ | 30°17′ |
| 经度 | 114°8′ | 114°54′ | 112°9′ | 112°10′ | 111°18′ | 109°28′ |
| 平均气温（℃） | 21.4 | 21.3 | 20.9 | 20.4 | 21.1 | 20 |
| 极端高温 温度（℃） | 35.4 | 36 | 35 | 35.8 | 37.4 | 35.5 |
| 极端高温 出现日期 | 1981-5-9 | 1988-5-3 | 1988-5-3 | 2000-5-3 | 1988-5-3 | 1988-5-1 |
| 极端低温 温度（℃） | 7.2 | 7.2 | 7.5 | 6.3 | 8.8 | 9.2 |
| 极端低温 出现日期 | 1961-5-4 | 1961-5-4 | 1961-5-4 | 1971-5-6 | 1960-5-7 | 1990-5-5 |
| 旬日照（小时） | 59 | 60.5 | 51.9 | 61.8 | 47.6 | 43.5 |
| 降水量（毫米） | 51.7 | 52.3 | 42.7 | 30.1 | 42.4 | 60.6 |

（左侧竖排：旬气象参数）

### 农业科技

**表 2-13　棉花生长发育对生态环境条件的基本要求**

| | 生育阶段 | 最低 | 最适 | 最高 | 对温度敏感性 |
|---|---|---|---|---|---|
| 温度 | 种子发芽 | 10～12℃ | 28～30℃ | 40～45℃ | |
| | 苗期 | 14～17℃ | 20～30℃ | 36℃ | |
| | 现蕾期 | 19～20℃ | 25～30℃ | 35～40℃ | |
| | 花铃期 | 16～20℃ | 20～30℃ | 36℃ | |
| | 吐絮期 | 20℃ | 25～30℃ | 36℃ | |
| 水分 | | 适宜土壤水分为田间最大持水量 | | | 含水量下限 |
| | 播种～出苗 | 70%以上 | | | |
| | 出苗～现蕾 | 55%～70% | | | 50%～55% |
| | 现蕾～开花 | 60%～70% | | | 55% |
| | 开花～结铃 | 70%～80% | | | 55% |
| | 吐絮期 | 55%～70% | | | 50% |

**农时节气** 立夏

每年阳历 5 月 5—7 日,太阳到达黄经 45°时为"立夏"节气。炎热的天气将要来临,万物旺盛生长,农业生产进入繁忙季节。小麦迅速灌浆结实,油菜、大麦、蚕(豌)豆以及冬播马铃薯即将成熟收获;早稻进入分蘖盛期,中稻、玉米、花生培育壮秧(苗),要因苗制宜加强田间管理。

**防灾减灾**

棉花抗灾生产:春播移栽棉当气温稳定通过 10℃时,抢晴天制钵播种,大麦、油菜茬,可在油菜终花后期 15 天后播种。小拱棚覆盖保温保湿促齐苗。出苗 80% 左右时,白天揭开两头薄膜通风降温散湿,防高温烧苗,傍晚盖膜保温防低温;齐苗后,晴天揭膜炼苗,晒至表土发白,苗茎基部 1/3 发红。

加强苗床湿度、温度管控,预防病害,当第一片真叶展开时搬钵蹲苗,视苗情喷施助壮素调控,培育壮苗。

冬闲地棉花可在 5 月初移栽,适墒整地,按 2 米宽开沟作厢,厢面平整,三沟相通,结合整地在定植行附近条施或撒施底肥,亩施 45% 三元复合肥 40 千克;棉苗移栽前 1～2 天,苗床结合浇水追施稀粪水,同时施药防虫,杂交品种每亩大田移栽 1600～1800 株,推行宽窄行定植,宽行距 1.2 米,窄行距 0.8 米左右,株距 38 厘米左右,移栽当天浇足定根水。

表 2-14　世界 10 个棉花主产国棉花生产情况

| 国家 | 2010 年 | | | 2018 年 | | |
|---|---|---|---|---|---|---|
| | 面积<br>(万亩) | 总产量<br>(万吨) | 单产<br>(千克/亩) | 面积<br>(万亩) | 总产量<br>(万吨) | 单产<br>(千克/亩) |
| 世界 | 47702 | 6922 | 145.1 | 48630 | 7103 | 146.1 |
| 印度 | 16713 | 1776 | 106.3 | 18525 | 1466 | 79.1 |
| 中国 | 7272 | 1788 | 245.9 | 5031 | 1831 | 364.1 |
| 美国 | 6495 | 947 | 145.9 | 6393 | 1143 | 178.8 |
| 巴基斯坦 | 4034 | 561 | 139.2 | 3560 | 483 | 135.7 |
| 巴西 | 1245 | 295 | 236.9 | 1725 | 496 | 287.3 |
| 乌兹别克斯坦 | 2015 | 344 | 170.9 | 1662 | 229 | 137.9 |
| 土耳其 | 720 | 215 | 298.3 | 779 | 257 | 330.3 |
| 澳大利亚 | 312 | 94 | 300.5 | 728 | 250 | 343.6 |
| 墨西哥 | 170 | 44 | 260.0 | 362 | 116 | 322.2 |
| 希腊 | 375 | 71 | 189.5 | 398 | 84 | 210.3 |

资料来源:联合国 FAO 数据库。

# 5月 中旬

## 生育进程

| | |
|---|---|
| **小麦**：丘陵、二高山地区小麦灌浆期；江汉平原地区小麦进入成熟期 | **油菜**：成熟至收获期 |
| **早稻、再生稻**：分蘖期 **山区中稻**：缓苗至分蘖期 **沿江平原中稻**：秧苗期 | **春玉米**：拔节期 |
| **鲜食甜玉米、糯玉米**：早春季的籽粒形成期；春季的拔节长穗期 | **棉花**：移栽期 |
| **西瓜、甜瓜**：大棚西瓜、甜瓜果实膨大后期；露地有籽西瓜和甜瓜雄花开花期 | **梨**：幼果生长期 |
| **桃**：果实膨大期、早熟桃成熟期、新梢生长期 | **葡萄**：幼果生长期 |

## 旬气象条件

| | 气象站点 | 武汉 | 黄冈 | 荆州 | 襄阳 | 宜昌 | 恩施 |
|---|---|---|---|---|---|---|---|
| 旬气象参数 | 纬度 | 30°37′ | 30°26′ | 30°21′ | 32°2′ | 30°42′ | 30°17′ |
| | 经度 | 114°8′ | 114°54′ | 112°9′ | 112°10′ | 111°18′ | 109°28′ |
| | 平均气温（℃） | 22.5 | 22.5 | 22 | 21.6 | 22 | 20.5 |
| 极端高温 温度（℃） | | 36.1 | 36.3 | 37.3 | 36 | 38.7 | 37.2 |
| 极端高温 出现日期 | | 2000-5-14 | 2011-5-18 | 2011-5-19 | 2000-5-20 | 2011-5-18 | 2011-5-19 |
| 极端低温 温度（℃） | | 8.9 | 10.6 | 9.4 | 8.9 | 9.9 | 8.3 |
| 极端低温 出现日期 | | 1977-5-15 | 1977-5-14 | 1958-5-11 | 2006-5-12 | 1958-5-13 | 1958-5-13 |
| | 旬日照（小时） | 59 | 59.3 | 51.5 | 61.2 | 47.3 | 40.5 |
| | 降水量（毫米） | 46.5 | 42.7 | 41.6 | 38 | 40.7 | 60.9 |

## 农业科技

**油菜籽收割**：人工收割在黄熟期，晾晒后熟2～3天脱粒再晾晒；直播油菜或株型适中的移栽油菜可选用机械联合收割，应在全田90％以上油菜角果外观颜色全部变黄色或褐色，完熟度基本一致的条件下进行；对植株高大、高产的移栽油菜采取机械分段收获，收获期多雨或有极端天气的地区，采用分段收获安全性高，宜在全田油菜80％角果外观颜色呈黄绿或淡黄，种皮也由绿色转为红褐色，采用割晒机或人工进行割晒作业，割倒的油菜就地晾晒后熟3～5天，用捡拾收获机进行捡拾、脱粒及清选作业。

油菜机械联合收割

**小麦**：丘陵、山区防涝防渍，防干热风，防高温逼熟；沿江平原地区及时收割，秸秆粉碎还田。

**棉花**：大麦、油菜茬棉花尽早移栽，前茬收割后及时灭茬，免耕

油菜分段收割

可喷施草甘膦类除草剂杀灭杂草,旋耕整地,可在原有厢面上旋耕整地,抢墒及时移栽,做到宽窄行、苗分级、盖细土、浇足水,杂交种每亩大田移栽 1600～1800 株,移栽 1 周内及时查苗补缺。直播棉在前茬作物收获后,及时进行整地条播,行距 50 厘米,株距 25 厘米,每亩 5000 株以上。

沿江平原直播中稻:宜选用移栽生育期在 130 天以内、抗倒性强、产量高的品种,前茬收获后及时耕整灭茬,灌水后亩撒施秸秆腐熟剂 4 千克,尿素 5 千克促进秸秆腐烂,5 天后整田撒施底肥,待田水落干、田泥沉实后分厢播种,亩用种量常规稻种 4 千克左右、杂交稻种 2.5 千克左右,种子催芽破胸后用"高巧"和"适乐时"拌种,随拌随播,推广机械条穴播种或用播种器条穴点播,人工撒播做到种子称量到厢均匀撒播或。

直播稻田杂草防除技术:直播稻田除草应科学掌握稻田杂草发生规律,实施化学除草,通常采用"一封二杀三补"的治草策略。

"一封":主要是在水稻播种后至出苗前,利用水稻种子与杂草种子的土壤位差,选用芽前封闭除草剂进行土表均匀喷雾。可选用丁·噁乳油、丙草胺(扫弗特)、丙草·苄等药剂,在播种后2～3 天,田间无水层的情况下喷雾。同时建议浸种催芽破胸后播种,以加快水稻种子出苗,拉大稻种出苗与杂草出苗的时间,促进秧苗先于杂草形成群体优势,中后期以苗压草、抑制杂草生长。

"二杀":就是在水稻秧苗 3 叶期、杂草 1～2 叶期,排干田水,喷施除草剂杀除杂草。防除稗草可选用二氯喹啉酸,防除千金子可用氰氟草酯,如果既有稗草、莎草,又有阔叶杂草可选用五氟磺草胺或苄·二氯等,水花生等阔叶杂草可选用氯氟吡氧乙酸。

"三补":对部分恶性杂草及再次发生的杂草,可在水稻分蘖盛期(播种后 20～30 天)有针对性地选用相关除草剂进行挑治或补杀,药剂同上面的苗后除草剂。

人工喷施农药

高压喷雾器喷药

植保无人机喷药

瞭望台

表 2-15 芝麻生长发育对生态环境条件的要求

| 生育阶段 | | 最低 | 最适 | 最高 | 对温度敏感性 |
|---|---|---|---|---|---|
| 温度 | 种子发芽 | 12℃ | 24～32℃ | 40℃ | |
| | 出苗期 | | 20℃以上 | | |
| | 开花期 | | 20～24℃ | | |
| 水分 | 苗期 | 土壤水分为田间最大持水量的 70% | | | |
| | 开花期 | 土壤水分为田间最大持水量的 75%～85%,低于 50% 出现干旱,大于 90% 出现渍害 | | | |
| | 封顶期 | 土壤水分为田间最大持水量的 75% | | | |
| | 成熟期 | 土壤水分为田间最大持水量的 65% | | | |

# 5月 下旬

## 生育进程

小麦：丘陵、二高山地区小麦灌浆期；江汉平原和鄂北地区小麦收割期

早稻、再生稻：分蘖末期　　山区中稻：分蘖期　　沿江平原中稻：秧苗至移栽期

沿江平原直播中稻：播种期　　鲜食甜玉米、糯玉米：早春季乳熟期；春季露地抽雄、吐丝期

春玉米：拔节期　　马铃薯：高山春播马铃薯苗期；平原丘陵地区冬播马铃薯成熟期

棉花：移栽棉苗期；麦后直播棉播种期　　油菜：山区收获期

西瓜、甜瓜：极早熟大棚西瓜、甜瓜成熟；露地有籽西瓜、甜瓜雌花开花坐果期，无籽西瓜雄花开花期

花生：春播花生开花下针期；夏播花生播种期　　芝麻、绿豆等杂粮：播种期

桃：早熟桃成熟期、果实膨大期、新梢生长期　　梨：幼果生长期　　葡萄：幼果生长期

## 旬气象条件

| | 气象站点 | 武汉 | 黄冈 | 荆州 | 襄阳 | 宜昌 | 恩施 |
|---|---|---|---|---|---|---|---|
| | 纬度 | 30°37′ | 30°26′ | 30°21′ | 32°2′ | 30°42′ | 30°17′ |
| | 经度 | 114°8′ | 114°54′ | 112°9′ | 112°10′ | 111°18′ | 109°28′ |
| | 平均气温(℃) | 23.8 | 23.9 | 23.3 | 23.1 | 23.1 | 21.7 |
| 极端高温 | 温度(℃) | 36 | 36.1 | 35.8 | 37.4 | 38 | 36.8 |
| | 出现日期 | 1969-5-31 | 1963-5-22 | 1969-5-31 | 1982-5-22 | 1982-5-23 | 1958-5-31 |
| 极端低温 | 温度(℃) | 11.3 | 11.3 | 11.5 | 11 | 11.7 | 12.1 |
| | 出现日期 | 2011-5-22 | 1959-5-21 | 1959-5-22 | 1998-5-25 | 2011-5-23 | 1959-5-23 |
| | 旬日照(小时) | 60.9 | 64 | 49.9 | 64.2 | 47.1 | 42.1 |
| | 降水量(毫米) | 70.3 | 74.8 | 46.7 | 33.4 | 42.4 | 69.3 |

（旬气象参数）

## 农时节气　小满

　　每年阳历5月20—22日，太阳到达黄经60°时为"小满"节气。小满不表示季节也不表示气候冷热。从字面上解释，"小"是说小麦作物开始灌浆、乳熟，"满"指麦类作物籽粒饱满，但与真正的丰满、圆满相比，又差些时日。此时是收割麦类、马铃薯、油菜籽，以及早熟桃、杏、枇杷等水果时期；春玉米、高粱拔节、春大豆开花、棉花现蕾时期；稻田捕捞小龙虾关键时段。

## 农业科技

　　玉米田间管理：①春播玉米。进入大喇叭口期，是追施穗肥的最佳时间，因苗情长势，亩施尿素10千克左右，同时中耕培土；使用颗粒杀虫剂丢心预防玉米螟虫。②早春鲜食甜玉米、糯玉米。进入籽粒灌浆期，注意防治穗期害虫，吐丝后20~25天分批采收上市。

机插秧:机插秧要严格按照机械插秧操作标准,着重搞好4项关键技术。①培育壮秧。按照机插秧育秧程序规范进行。②精细整田。达到田块平整、田面整洁、上细下粗、细而不糊、上烂下实、泥浆沉实,整好田后保持水层2~3天,进行适度沉实和病虫草害防治;机插当天保持田面1~2厘米水层。③插秧准备。秧苗起盘前,保持床土含水率40%左右,起盘时小心卷起,叠放于运秧车。堆放2~3层,运至田头,随即卸下平放,使秧苗自然舒展,做到随起随运随插。④规范插秧。一是插秧前检查机械并调试;二是装秧苗前将空秧筛移动到导轨的一端再装秧苗;三是调节好相应的株距和每穴秧苗的株数与取秧数量;四是根据大田泥脚深度调节插秧深度;五是使用划印器和侧对行器,保证插秧直线度和邻接行距。

机插秧流水线播种　　叠盘覆盖暗化处理　　　　露锥后摆于秧床　　　覆盖遮阳、保湿促齐苗

机插秧起秧　　　　　机械插秧

中稻机插秧

瞭望台

表2-16 世界10个茶叶主产国茶叶生产情况

| 国家 | 2010年 | | | 2018年 | | |
|---|---|---|---|---|---|---|
| | 面积（万亩） | 总产量（万吨） | 单产（千克/亩） | 面积（万亩） | 总产量（万吨） | 单产（千克/亩） |
| 世界 | 4736 | 462.2 | 97.6 | 6290 | 633.8 | 101.4 |
| 中国 | 2139 | 147.5 | 69.0 | 3467 | 261 | 75.3 |
| 印度 | 869 | 99.1 | 114.1 | 942 | 134.5 | 142.7 |
| 肯尼亚 | 258 | 39.9 | 154.7 | 354 | 49.3 | 139.1 |
| 斯里兰卡 | 333 | 33.1 | 99.5 | 305 | 30.4 | 100.0 |
| 越南 | 170 | 19.8 | 116.9 | 176 | 27 | 154.3 |
| 土耳其 | 114 | 23.5 | 206.5 | 126 | 27 | 215.3 |
| 印度尼西亚 | 188 | 15 | 80.5 | 170 | 14.1 | 83.2 |
| 缅甸 | 119 | 9.5 | 79.4 | 134 | 10.9 | 81.5 |
| 伊朗 | 44 | 12.1 | 273.9 | 29 | 10.9 | 394.2 |
| 日本 | 71 | 8.5 | 121.1 | 65 | 8.3 | 129.2 |

资料来源:联合国FAO数据库。

# 第三章 夏季农业自然灾害防抗技术

夏季是许多农作物旺盛生长的最好季节,夏季风从南方海洋吹来的暖湿气流,表现为高温、多雨、潮湿的天气,带来了充足的光照和适宜温度,充沛的雨水,雨热同期,给农作物提供了有利的成长条件。但是,夏季天气变化万千,一会儿晴空万里,一会儿乌云密布,一会儿电闪雷鸣。也会形成影响农作物正常生长发育的农业自然灾害性天气。

## 第一节 夏季农业自然灾害种类

夏季是东南季风最活跃的时段,受其影响,湖北省常会出现五月寒、暴雨洪涝、干旱、高温、强对流天气等气象灾害。

### 一、五月寒

五月寒主要指5月下旬至6月中旬,双季早稻产区,早稻孕穗至抽穗期,出现连续3天及以上日平均气温低于20℃(籼稻),或小于18℃(粳稻),对早稻幼穗分化产生的危害。

#### (一)五月寒发生的频率

湖北省五月寒主要发生在江汉平原及其以东双季稻产区,以江汉平原西部发生频率最高,3~5年一遇,其他地区5~10年一遇,发生严重的典型年有1959年、1978年、1990年、1991年、2009年、2011年和2016年,早稻产区均遭遇大范围五月寒灾害;1963年、1972年、1987年、1993年、2002年和2003年有30%的早稻生产县市受到五月寒影响。近57年来,五月寒有加重趋势(图3-1)。

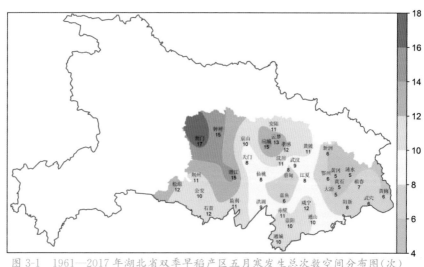

图 3-1　1961—2017年湖北省双季早稻产区五月寒发生总次数空间分布图(次)

　　五月寒出现频次自西向东南逐渐递减,西北部的大悟、红安、孝昌、云梦、中部的京山、应城、潜江及天门西部,出现次数在 12～21 次,为 2～4 年一遇;东南部的黄梅、武穴、黄石、大冶、阳新、鄂州、黄州、团风、浠水、蕲春西部出现次数在 5～8 次,为 7～10 年遇;其他大部地区出现次数在 9～11 次,为 5～6 年一遇。

　　湖北省历史典型的五月寒年份、发生时间及其影响见表 3-1。

表 3-1　湖北省历年典型五月寒年份影响情况

| 年份 | 时间 | 影 响 |
|---|---|---|
| 1993 | 5 月 | 　　5 月全省平均气温为 19.1℃,比常年同期偏低 1.6℃。武汉市郊各县的 5 月平均气温也比常年偏低 1.2～1.7℃,显示出五月寒的特点。与此同时,出现了多雨、寡照的天气。据武汉市气象局调查,早稻迟发 14 天左右,5 月底每亩总苗数比常年减少 10 万多苗。棉花 9 万多亩缺苗和死苗,补种 5 万多千克,同时病害蔓延,全市发生枯黄萎病面积 11 万亩。夏粮油收割打场困难,并出现霉烂现象 |
| 2002 | 5 月 | 　　湖北省 5 月平均气温是近 10 年来最低的,也是 20 世纪 80 年代以来仅次于 1991、1993 年的低温年,特别是 5 月上旬湖北省东部连续 5 天左右,西部连续近 9 天日平均气温低于 18℃,出现了典型的五月寒天气 |
| 2009 | 5 月中下旬 | 　　5 月中下旬低温阴雨天气多,26 日开始早稻主产区平均气温连续 3 天低于 18℃,遭遇五月寒的危害,对分蘖造成了较大影响,分蘖慢,分蘖数比常年明显偏少,总苗数与一般要求的最高苗数相差甚远 |

### (二) 五月寒致灾原因

　　五月寒是指 5 月下旬至 6 月上旬,早稻孕穗至抽穗期,遇到连续 3 天以上日平均气温≤20℃的低温阴雨天气过程,导致早稻空壳率增加的灾害性天气。

　　稻穗分化过程中需要最适宜的温度为 30℃左右,其中花粉母细胞减数分裂期,对低温反映最敏感,此时若遇到连续 3 天以上日平均气温低于 20℃,就影响花粉母细胞正常发育,当日平均气温连续 3 天低于 17℃时,将严重影响花粉母细胞的发育,导致花粉粒发育不良而败育,造成空壳多;同时在花粉粒发育的四分体期间对弱光反应也很敏感,弱光也会引起花粉发育不良而导致空壳增多。据天门市气象局资料,2009 年 5 月 26、27、28 三天日平均气温分别为 17.6℃、17.7℃、17.1℃,并且自 5 月 23—30 连续 8 天为零日照天气,导致光合产物减少,营养物质供应不足,花粉内容物充实不够。受低温冷害和寡照弱光的叠加影响,最终导致花粉发育不良的生理障碍,造成早稻结实率低而减产。

## 二、暴雨洪涝

　　暴雨洪涝是湖北省主要的气象灾害之一,发生频率高,影响范围广,危害强度大,灾害损失重。暴雨及以上等级的强降雨极易引起江河库湖洪水泛滥,冲毁堤坝、房屋、道路、桥梁,淹没农田、城镇等,还可诱发山洪等灾害,造成重大经济损失,并威胁人民生命财产安全。洪涝灾害严重程度除与降水有关外,还与地理位置、地形、土壤结构、河道的宽窄和曲度、植被以及农作物的生育期、承灾体暴露度、防洪防涝设施等有密切关系。

### (一) 暴雨洪涝定义及类型

**1. 暴雨**

暴雨是指 24 小时内降水总量达到 50 毫米或以上的降水。按照我国统一规定标准,暴雨又分为 3 级:降水量 50.0～99.9 毫米为暴雨,降水量 100.0～249.9 毫米为大暴雨,降水量大于等于 250 毫米为特大暴雨。

暴雨预警分为 4 级,分别以蓝色、黄色、橙色、红色表示。

蓝色预警:12 小时内降雨量将达到 50 毫米以上,或者已达 50 毫米以上且降雨可能持续。

黄色预警:6 小时内降雨量将达 50 毫米以上,或者已达 50 毫米以上且降雨可能持续。

橙色预警:3 小时内降雨量将达 50 毫米以上,或者已达 50 毫米以上且降雨可能持续。

红色预警:3 小时内降雨量将达 100 毫米,或者已达 100 毫米以上且降雨可能持续。

暴雨是一种常见的气象灾害,尤其是大范围持续性暴雨和集中的特大暴雨,它不仅影响工农业生产,而且可能危害人民的生命,造成严重的经济损失。

**2. 洪涝**

洪涝系指某一时段内,由于降水过多、排水不畅而产生的洪灾和涝灾,其中洪灾指山洪暴发,河流泛滥、堤坝溃决时,大量洪水淹没农田、作物、村庄,冲毁垸堤而产生的灾害;涝灾是指降雨过多或过于集中,使农田积水,农作物受淹,畜禽养殖栏舍进水,水产养殖池塘漫溢而产生的灾害,是平原湖区的主要灾害。洪涝分为河流洪水、湖泊洪水和风暴洪水等多种类型。其中河流洪水依照成因不同,又可分为暴雨洪水、山洪、融雪洪水、冰凌洪水和溃坝洪水。影响最大、最常见的是河流洪水,尤其是流域内长时间暴雨,造成河流水位居高不下而引发的堤坝决口,对农业生产损害最大。洪涝具有 5 个特点,即季节性、区域性、可重复性、破坏性和普遍性。湖北省洪涝灾害按发生时间,可分为梅涝(6—7 月中旬)、盛夏涝(7 月下旬—8 月)、春涝(3—5 月)、秋涝(9—10 月)。

新中国成立以来,湖北省局部性的洪涝灾害几乎每年都有,大范围的严重洪涝先后发生过 10 多次,如 1954 年、1969 年、1980 年、1983 年、1991 年、1996 年、1998 年、1999 年、2016 年、2020 年。

受夏季风的影响,湖北省暴雨洪涝灾害,主要发生在汛期的 5—10 月。降水过程频繁,雨量集中,暴雨日数多,是汛期降雨的主要特点。汛期 6 个月的平均降雨量大部分地区为 700～1100 毫米,占全年平均总雨量的 70%左右,是暴雨灾害的多发时段,尤其是每年的 6—7 月份梅雨季节,因降水集中,强度大,多处来水共同遭遇,造成暴雨洪涝灾害高发,且形成的灾害范围大,持续时间长,灾情重。下面介绍几个重灾年份暴雨发生过程,以及对农业生产的危害。

1980 年,5 月下旬发生了两次大范围的暴雨到大暴雨过程。6 月 6 日就进入了梅雨期,入梅后连续暴雨不断发生,6 月 6—12 日、16—21 日、23—25 日、7 月 16—20 日,7 月 21 日出梅后,又于 7 月 30 日至 8 月 5 日和 8 月 10—12 日,出现了两次更大的暴雨过程,称为"二度梅",最大过程雨量在 400 毫米以上的就有 3 个县市,是继 1954 年后盛夏发生的强度大、时间长、范围广的最大暴雨过程。

1983 年,出现了梅雨期洪涝和秋季洪涝。梅雨期的洪涝,是从 6 月 11 日至 7 月 23 日,在 44 天的时间里,出现了范围广、强度大的暴雨过程 11 次,累计雨量大部分地区在 500 毫米以上,黄冈、孝感、咸宁南部及恩施为 600～800 毫米,局部 900 毫米左右。梅雨期雨量大部分地区为常年同期的 1.5 倍左右,比 1980 年多 3～7 成。秋季洪涝出现在 10 月 1—22 日,大部分地区多次出现大到暴雨过程,连鄂西北也多次连降暴雨。22 天总雨量,大部分地区为常年同期的 1 倍以上,东部局部地区为常年的 8 倍多。秋季出现如此严重的强降水,是湖北省有气象记录以来的第一次。为保汉江下游安全,被迫先后在邓家湖、小江湖、杜家台分洪,在东荆河分流,给分洪区农业生产造成巨大损失。

1991 年,梅雨期涝灾。6 月 29 日入梅后至 7 月 13 日,湖北省出现了大范围的连续性强降雨过程。江汉平原和鄂东地区,几乎天天出现暴雨或大暴雨,14 天总雨量在 200 毫米以上的有 54 个县市、300 毫米以上的有 42 个县市、400 毫米以上的有 30 个县市、500 毫米以上的有 15 个县市,其中罗田、麻城分别达到 890 毫米和 806 毫米,武汉市为 720 毫米,是 1880 年有降雨量记录的 100 年中 14 天雨量最大的一次。连续暴雨使全省发生了严重的洪涝灾害,特别是江汉平原及东部沿江滨湖地区损失惨重。

1996 年,梅雨期特大洪涝。6—8 月上旬,湖北省暴雨天气过程频繁发生,在不到 70 天时间内,省内发生了 9 次大范围的暴雨过程,其中连续暴雨过程 2 次,大暴雨 5 次,特大暴雨 1 次。全省 76 个县市共发生了日雨量 50 毫米以上的暴雨 280 个县市次,其中日雨量 100 毫米以上的大暴雨有 50 个县市次。造成危害较大的暴雨过程时段有 6 月 2—4 日、6 月 27 日至 7 月 4 日、7 月 13—18 日、8 月 2—4 日。6 月 1 日至 8 月 17 日,71 天累计雨量鄂东地区的黄冈、黄石、咸宁、鄂州和孝感市北部、荆州市南部为 800～1100 毫米,比常年同期多 1～1.3 倍;武汉、荆门和孝感南部,荆州市大部、宜昌市东部和恩施州南部为 600～800 毫米;其中雨量较大的有崇阳 1093 毫米、蕲春 1040 毫米、大冶 1035 毫米、赤壁 1026 毫米、黄石 1023 毫米、咸宁和洪湖 1020 毫米。由于暴雨频繁,量大面广,造成江、河、湖、库水位猛涨,外洪内涝严重,全省 71 个县市全部受灾。

1998 年,暴雨开始日期早,暴雨过程频繁,4 月鄂西北、鄂北岗地出现暴雨,时间之早、过程雨量之大,均为历史同期少见。入汛后共出现 16 次区域性大到暴雨过程,全省 76 个气象台站,5—9 月共有 371 个站次出现暴雨,73 个站次出现大暴雨,12 个站次出现特大暴雨。出现"两度梅",第一次是 6 月 12 日至 7 月 3 日,第二次是 7 月 17 日至 8 月 4 日。加之长江上游,以及湖南湘、资、沅三江和洞庭湖地区来水,还有江西鄱阳湖地区连降暴雨长江水位顶托,造成外洪内涝,使全省受灾损失严重。

1999 年,春夏连续暴雨洪涝。自入春后就频繁发生暴雨,主要过程有 4 月 15—16 日鄂南 17 个县市暴雨,4 月 23—24 日 31 个县市暴雨,5 月 21—23 日 29 个县市暴雨,6 月 15 日全省开始进入梅雨季节,6 月 22—30 日连续暴雨,7 月 5—7 日鄂西 17 个县市暴雨,7 月 15—16 日南部 26 个县市暴雨,8 月 28—29 日东部和南部暴雨。

2016年,梅雨期暴雨洪涝。6月1—2日、6月19—21日、6月24—25日、6月27—28日、6月30日至7月6日、7月12—15日、7月17—20日六轮强降雨过程。造成湖北省17个市州83个县市区农作物受灾面积1985万亩,其中绝收558万亩。

2020年,汛期出现暴雨洪涝。汛期湖北省降水显著偏多,排1961年以来同期第一位,入梅早、出梅晚,梅雨强度排首位。汛期共出现14次区域性强降水过程,即5月13—14日、6月9—10日、12—14日、16—19日、21—23日、27—29日,7月1—2日、4—8日、11日、16—19日、26日、8月8—10日、20—21日、9月15—17日,其中6月12日至7月8日,降水过程属特强过程。7月4—8日为汛期全省最强降水过程,强降雨出现在鄂西南—江汉平原—鄂东一线,中心位于鄂东东部。过程共出现62站次暴雨,39站次大暴雨,2站特大暴雨。7月4—7日江汉平原以东大部地区累计雨量达200~500毫米,其中浠水、洪湖局部达550~994毫米(浠水巴河),7月5日洪湖燕窝和江夏乌龙泉24小时降雨量分别达到510、436毫米;7月7日黄梅北部有11个乡镇6小时降雨量达200~234毫米,均创有观测记录以来的新纪录。全省农作物受灾面积1928.6万亩。

**(二)暴雨洪涝形成的原因**

湖北省夏季形成的暴雨洪涝,主要受地形和降水异常的影响,同时,不同时段、不同承灾体,致灾程度也会有一定的差异。

1. **地理区位上的洼地**

湖北省地处长江中游,承接长江上游、汉水和湖南四水(湘江、资江、元江和澧水)流域(图3-2)120万立方米下泄水量,年均总量6300立方米,为湖北省自身降雨量的7倍。湖北省境内西、北、东三面环山,中南部为平坦开阔的江汉平原,整个地貌轮廓大致为三面隆起、中间低平、向南敞开的"准盆地"结构。一遇暴雨,省内三面来水全部汇流到江汉平原,导致江河湖泊水位猛涨,而该地区的农田比河床低,因此每遇汛期,外江水位往往高出田地数米乃至10余米,造成外洪内涝,就成了装水的"水袋子"。

2. **大气环流出现异常**

湖北省位于东亚季风气候区,其年际变异可造成降水异常,引发严重旱涝灾害。若夏季风在长江中下游停留时间过长,冷暖空气在湖北省上空形成稳定对峙态势,便会引起暴雨洪

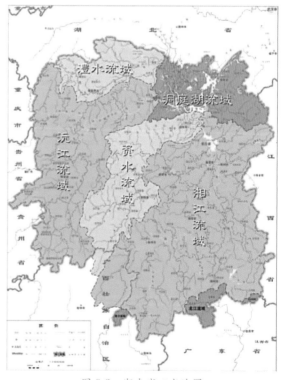

图3-2 湖南省四水地图

涝灾害。从时间上看,暴雨洪涝灾害与入梅前后降水量、梅雨期降水量及雨带分布关系密切。湖北省汛期暴雨主要由入梅前移动性天气产生的短过程暴雨、入梅期阻塞性系统产生的连续性暴雨、出梅后盛夏东风带系统或副热带高压退却期产生的暴雨组成。梅雨前异常的冬春降水使江湖底水水位偏高;梅雨期降水使湖河江水相互遭遇;梅雨结束后上游降水进一步加剧汛情。由于受时空相互组合及多处下泄来的洪水遭遇,因此形成的洪水时间更长、水位更高、流量更大、造成的危害也更剧烈。

湖北省夏季暴雨洪涝监测结果,鄂西北地区年均发生 1 次;鄂西南、鄂东南年均发生两次;其余地区约两年发生 3 次。重度洪涝主要集中在江汉平原南部和鄂东南。1969 年、1980 年、1983 年、1991 年、1996 年、1998 年、1999 年、2016 年和 2020 年夏季,湖北省均发生了大范围的严重暴雨洪涝。

1961—2017 年,湖北省共发生区域性暴雨 860 次,其中较强区域性暴雨 494 次,占 57.44%;其次为强区域性暴雨 148 次,占 17.21%;中等区域性暴雨 144 次,占 16.74%;特强区域性暴雨 74 次,占 8.61%(图 3-3)。

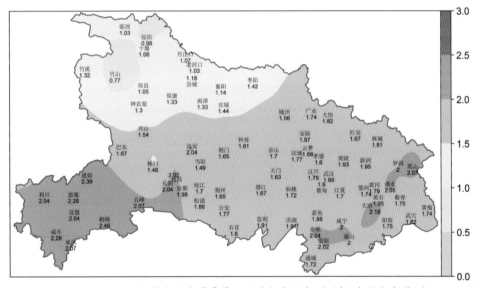

图 3-3　1961—2017 年湖北省夏季暴雨洪涝发生频率(次/年)空间分布图(次)

2016 年湖北省梅雨期的 6 月 18 日至 7 月 21 日,降水异常偏多,出现了 6 轮区域性强降水过程,导致湖北省大部分地区出现严重洪涝灾害(表 3-2)。

表 3-2　2016 年湖北省各市州受淹面积统计表

| 市州 | 7 月 22 日 | | 7 月 28 日 | | |
| --- | --- | --- | --- | --- | --- |
| | 淹没面积(万亩) | 淹没比例(%) | 消退面积(万亩) | 淹没面积(万亩) | 淹没比例(%) |
| 武汉 | 115.77 | 8.77 | 65.79 | 49.97 | 3.78 |

续表

| 市州 | 7月22日 | | 7月28日 | | |
| --- | --- | --- | --- | --- | --- |
| | 淹没面积(万亩) | 淹没比例(%) | 消退面积(万亩) | 淹没面积(万亩) | 淹没比例(%) |
| 荆州 | 100.47 | 4.92 | 47.46 | 53.01 | 2.59 |
| 黄冈 | 80.90 | 3.264 | 50.68 | 30.22 | 1.22 |
| 荆门 | 50.39 | 2.64 | 50.68 | 13.19 | 0.69 |
| 咸宁 | 40.63 | 2.93 | 26.73 | 13.91 | 1.00 |
| 孝感 | 40.41 | 2.99 | 22.73 | 17.67 | 1.31 |
| 宜昌 | 28.65 | 0.88 | 16.20 | 12.45 | 0.38 |
| 鄂州 | 26.51 | 10.90 | 16.15 | 10.36 | 4.26 |
| 黄石 | 25.20 | 3.86 | 20.46 | 4.73 | 0.72 |
| 天门 | 20.61 | 5.11 | 15.74 | 4.87 | 1.20 |
| 十堰 | 14.94 | 0.41 | 8.67 | 6.27 | 0.17 |
| 襄阳 | 12.03 | 0.39 | 9.21 | 2.82 | 0.091 |
| 仙桃 | 8.99 | 2.32 | 5.58 | 3.41 | 0.88 |
| 随州 | 3.95 | 0.27 | 3.13 | 0.82 | 0.05 |
| 恩施 | 2.95 | 0.08 | 2.72 | 0.23 | 0.01 |
| 潜江 | 2.68 | 0.87 | 2.22 | 0.45 | 0.14 |
| 合计 | 575.07 | 2.07 | 350.70 | 224.37 | 0.81 |

## 三、干旱

### (一) 干旱定义及类型

1. 干旱定义

干旱是指长期无降水或降水偏少,造成空气干燥、土壤缺水、人类生存和经济发展受到制约的气候现象。

(1)气候干旱。蒸发量比降水量大得多的一种气候。气候干旱与特定的地理环境和大气环流系统相联系。

(2)气象干旱。是指某一地理范围在某一具体时段内的降水量比多年平均降水量显著偏少,导致该地区的农业生产等经济活动和人类生活受到较大危害的现象。

(3)农业干旱。在作物生育期内,由于土壤水分持续不足而造成的作物体内水分亏缺,影响作物正常生长发育,进而导致减少或失收的现象。

2. 干旱等级

（1）小旱。连续无降雨天数，春季达 16～30 天，夏季 16～25 天，秋冬季 31～50 天。

（2）中旱。连续无降雨天数春季达 31～45 天，夏季 26～35 天，秋冬季 51～70 天。

（3）大旱。春季连续无降雨天数达 46～60 天，夏季 36～45 天，秋冬季 71～90 天。

（4）特大干旱。连续无降雨天数春季 61 天以上，夏季 46 天以上，秋冬季 91 天以上。

3. 干旱预警

（1）特大干旱。一级红色预警，多个区域县市发生特大干旱，多个县级城市发生极度干旱。

（2）严重干旱。二级橙色预警，数区域县市的多个乡镇发生严重干旱，或一个区域县市发生特大干旱等。

（3）中等干旱。三级黄色预警，多个区域县市发生较重干旱，或个别区域县市发生严重干旱等。

（4）轻度干旱。四级蓝色预警，多个区域县市发生一般干旱，或个别区域县市发生较重干旱等。

4. 干旱类型

按成因可分为天气干旱、土壤干旱和农业干旱；按发生季节可分为春旱、初夏旱、伏旱、秋旱、冬旱和季节连旱（如冬春连旱、夏秋连旱、秋冬春三季连旱等）。对湖北省农业生产危害最大的是伏秋连旱，特点是旱期长、范围广。

**（二）干旱时空分布**

湖北省各地均可发生干旱，因地形、地貌、气候差异、土壤、植被、耕作制度、水利设施，以及抗旱能力不同，干旱发生的程度具有明显的地区差异。按降水的偏少数量，可将湖北省分成 5 个干旱区：一是鄂东北及鄂中丘陵干旱区，以伏秋旱为主，出现次数多、持续时间长；二是鄂西北干旱频繁区，一年四季干旱频繁，但以春旱和夏旱出现多、时间长；三是鄂东南干旱区，虽雨量多，但分配不均，常常是春夏多涝，伏秋多旱；四是江汉平原次旱区，春季和初夏多雨少旱，以伏秋旱为主，但由于地势低平，河流湖泊多，加上水利条件较好，使干旱减轻；五是鄂西南轻旱区，春、夏、秋各时段雨多旱少，干旱持续时间短，为轻旱区。

1. 初夏干旱年

主要发生在梅雨来临之前的 5 月中下旬至 6 月中旬，较严重的年份有 1961 年、1963 年、1968 年、2005 年；春旱连初夏旱是 1988 年、2000 年、2001 年。2000 年 2 月至 5 月 23 日，总降水量大部分地区为历史同期最少，截至 5 月 24 日统计，全省农作物受旱面积 4180.5 万亩，成灾 2269.5 万亩，夏收作物大幅度减产。

2. 伏旱和伏秋连旱

是湖北省发生频次多、受旱范围广、旱期长、气温高、蒸发量大、灾害最严重。伏旱多出现在 7 月中旬以后，少数年份梅雨结束早和空梅，6 月下旬副热带高压就稳定控制湖北省东部、中部地区，伏旱便开始了。

伏秋连旱呈经向分布，东多西少，最多的是鄂东北和鄂中沿江地区；其次是江汉平原，发生频次占该地区干旱总频次的 40%～70%,鄂西为 20%～30%,鄂西南为 7%～13%且多为小旱。严重年份 7～9 月的水分亏缺量高达 250～300 毫米,而此时正值大秋作物生长旺盛期,需水量大(150～180 毫米/月),同时气温高,又加快了土壤水分的蒸发,十天半月不下透墒雨,旱象就会露头。

**(三)干旱形成的自然因素**

1. 大气环流异常

夏季风在长江中下游停留的时间很短,或者跳过华中直抵华北,长江中下游就会出现梅雨不明显或空梅。这样在稳定的剧热带高压控制下,出现高温、少雨,从而导致大旱发生。如 1959 年,副热带高压脊在北纬 21°～25°的停留时间是 6 月 26 日到达,7 月 4 日就跳到北纬 27°以北,随后湖北就在副热带高压的稳定控制下,酿成大旱。湖北省农作物受旱面积达 5600 万亩,其中绝收面积 1560 万亩。

2. 地形地貌影响

地形地貌特征是影响干旱的重要因素,鄂北岗地和鄂西北地区,处于鄂中丘陵大洪山与西北部的武当山、秦岭山脉之间,东南方向吹来的暖湿气流,常受到阻碍,致使降雨量减少;其次是由于石灰岩地质区土层薄,黄壤、红壤地表分布广,都不利于蓄水保水,森林覆盖是天然蓄水池,缺少森林覆盖也会加剧干旱。

另外,降雨量少而不均衡,气温高、蒸发量大,降水和蒸发不平衡,也是造成水分短缺形成干旱的一个原因。

湖北省 1961—2017 年气象干旱统计结果(图 3-4),典型气象干旱年份有 1966 年、1978 年、1979 年、1981 年、1988 年、1992 年、2000 年、2001 年、2011 年、2014 年。分地区看,鄂中丘陵和鄂北地区年平均干旱日数在 50 天以上,鄂东南、鄂西南和江汉平原南部 30～50 天。

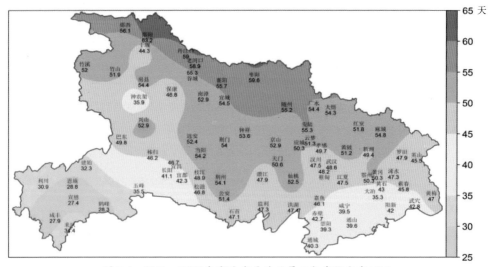

图 3-4  1961—2017 年湖北省平均干旱日数空间分布(天)

2014 年夏季湖北省中部地区发生严重干旱(图 3-5),干旱造成襄阳、荆门、孝感、随州、十堰、宜昌、荆州、仙桃、天门、潜江、黄冈等 11 个市的 45 个县市区农田受旱,受旱面积 3865 万亩,其中中旱面积 1822 万亩,重旱面积 511 万亩。

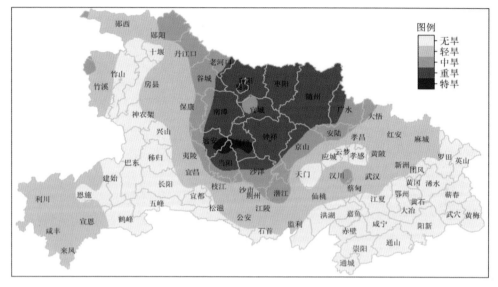

图 3-5　2014 年 8 月 2 日湖北省气象干旱监测图

## 四、高温

### (一) 高温定义及类型

#### 1. 高温定义

日最高气温达到或超过 35.0℃时为高温天气,连续 3 天以上的高温天气过程称为高温热浪。

一般将日最高气温≥35℃的天数定义为高温日数。

将日最高气温≥37℃的天数定义为炎热日数。

将日最高气温≥40℃的天数定义为酷热日数。

#### 2. 高温预警

(1) 高温黄色。连续 3 天日最高气温将在 35℃以上。

(2) 高温橙色。24 小时内最高气温将升至 37℃以上。

(3) 高温红色。24 小时内最高气温将升至 40℃以上。

### (二) 高温热害时空分布

高温热害是指持续出现超过作物生长发育适宜温度上限的高温,对植物生长发育及产量形成的损害。一般指连续 3 日最高气温≥35℃或连续 3 日天平均气温≥30℃。

每年 5—8 月,受多种天气条件的综合影响,湖北省都会出现几次高温热害天气过程。

1. 区域发生频率

(1)高发地区。一是以兴山为代表的三峡河谷地区,辐射到竹山、保康等,夏季最高气温超过40℃以上;二是以通山为代表的鄂东南地区,这两个区域出现的概率最大,平均每年3~5次。

(2)发生最少的区域。是鄂西南地区,出现的概率最小,平均每年在2次以下

(3)一般发生地区。平均每年有2~3次不同程度的高温热害发生。

2. 高温热害持续时间

气温≥35℃的高温日数,每次平均持续的天数,鄂东南最长,每次持续6~8天;鄂西北、鄂西南大部平均持续4~5天;其他地区平均持续5~6天。

3. 高温热害发生的因素

湖北省每年7—8月都会出现一段高温期,白天骄阳似火,夜晚闷热难当。导致高温年的气象条件如下。

(1)异常稳定的西太平洋副热带高压持续稳定、偏强是造成高温的主要原因。副热带高压异常稳定,而且非常强大,长时间在长江中下游地区徘徊,并且扩展开来控制了很多地区,就会导致这些地方出现异常的高温天气。副热带高压所控制区域的气流是向下沉的,气流下沉不容易产生云雨,晴空万里,太阳直射,导致光照充足,气温高,很闷热。如果副热带高压长时间停留在一个地方,太阳长时间的直射就会导致温度不断上升,形成高温天气。

(2)异常偏少的台风活动,也是持续高温的原因之一。我国的热带风暴或台风,是在西太平洋的中低纬度和南海海域生成的,并伴有大风、暴雨的天气系统,其中风力在8~9级的是热带风暴,10~11级的是强热带风暴,风力在12级以上的是台风。当热带风暴或强台风生成之后,通常由南海向偏北方向移动,对副热带高压产生一种推力,可以使副热带高压向北移动或减弱东移到海上,从而使雨带发生摆动。如果热带风暴或台风活动生成与登陆的数量少或者是登陆我国的时间晚,就会使强度偏强、位置异常偏西的副热带高压更加稳定,从而成为持续高温的原因之一。

(3)夏季风的明显偏弱也会成为导致温度偏高的一个因素。季风是在某些地区随季节变化而出现的风向和湿度发生转化的规模大、持续时间长的气候现象。我国南方在夏天刮起的西南风是夏季风,而这个夏季风由孟加拉湾、我国南海和东海海域发展而来,挟带着大量的水汽,就形成所谓的南方暖湿气流。6—7月的南海夏季风明显偏弱,不能与北方的冷空气在长江以南地区交汇,是造成降水少、温度高的原因之一。

(4)受到厄尔尼诺现象的影响。厄尔尼诺强度加强会使西太平洋副热带高压偏强,并逐渐影响到中纬度环流系统,使中纬度环流系统变得平直,径向环流轻弱,纬向环流较强,不利于冷空气南下,同时也使夏季环流向冬季环流的转变推迟,最终造成该区域气温偏高。

湖北省高温热害发生频率,据1961—2017年监测结果,比较严重的年份有1961年、2003年、2013年、1967年、1978年和2016年。湖北省年平均高温热害日数为0.1天(利川)~26.5天(兴山),三峡河谷、鄂东大部、鄂西北北部为15~26.5天,恩施大部在10天以下,其他地区为10~15天(图3-6)。

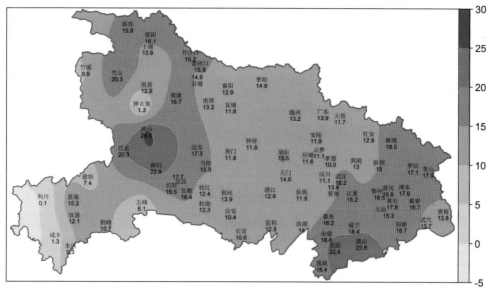

图 3-6　湖北省高温热浪(轻度热浪及以上)平均年日数空间分布(天)

　　湖北省中稻受高温热害比较重,大部地区每年均有发生,其中鄂西北西南部、鄂西南大部每10 年发生 6～8 次,其他地区每 10 年发生 9～10 次(图 3-7)。1961 年、1964 年、1966 年、1967 年、1971 年、1978 年、1995 年、2001 年、2003 年、2012 年、2013 年和 2016 年均发生了大范围高温热害。

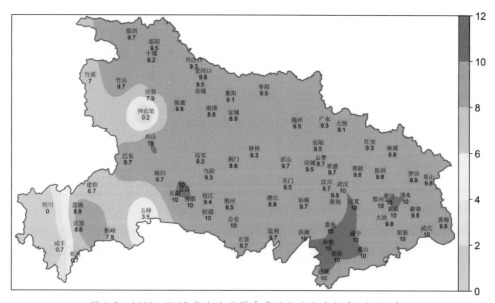

图 3-7　1961—2017 年湖北省夏季高温热害发生频率(次/10 年)

水稻高温热害一般是指在水稻抽穗结实期,气温超过水稻正常生育温度上限,影响正常开花授粉结实,造成空秕粒率上升而减产甚至绝收的一种农业气象灾害。水稻高温热害过程等级:划分为轻度、中度、重度,划分标准是以日平均气温≥30℃或日最高气温≥35℃,持续时间 3 天及3 天以上为一次高温热害过程。高温热害持续 3~5 天为轻度,6~8 天为中度,8 天以上为重度。

## 五、强对流天气

### (一) 强对流天气概念与类型

#### 1. 强对流天气概念

强对流天气,是指发生在对流云系或单体对流云块中的雷电、雷雨大风、冰雹和龙卷风等灾害天气的统称。

强对流天气的水平尺度一般小于 200 千米,有的仅有几千米;生命史一般有 1 小时至十几小时,较短的仅有几分钟至 1 小时;具有明显的突发性。由于天气变化剧烈,破坏力很强,常常导致庄稼、树木受到摧残,房屋倒毁,电信、交通受损,甚至造成人员伤亡等。世界上把它列为仅次于热带气旋、地震、洪涝之后的第四位具有杀伤性的灾害性天气。

#### 2. 强对流天气类型

(1) 雷暴。是积雨云强烈发展阶段时产生的雷电现象,它常伴有大风、暴雨以至冰雹和龙卷风,是一种局部的但很猛烈的灾害天气。

(2) 雷雨大风。指平均风力大于等于 6 级、阵风大于等于 7 级且伴有雷雨的天气。一般将瞬时风速≥17.2 米/秒的风定义为大风。对于一般农作物,瞬时风速≥12 米/秒定义为致灾性大风;对于构筑物和建筑物,瞬时风速≥18 米/秒定义为致灾性大风。

(3) 冰雹。是从雷雨云中降落的坚硬的球状、锥状或形状不规则,直径≥5 毫米的固体降水。

(4) 龙卷风。是一种由积雨云底伸展至地面的漏斗状云产生的强烈旋风,其中心风速可达100~200 米/秒,直径一般为几米到数百米。龙卷形成后,一般维持几分钟到几十分钟,其袭击范围很小,但破坏力大。

### (二) 强对流天气形成原因

强对流天气是空气强烈地垂直运动而导致出现的天气现象。最典型的就是夏季午后的强对流天气,白天地面不断吸收太阳发出的短波辐射,温度上升,并且放出长波辐射加热大气,当近地面的空气从地球表面接受足够的热量,就会膨胀,密度减小,这时大气处于不稳定的状态。就像水缸里的油和水一样,当密度较小的油处于水缸底部,而水处于上部时,一定会产生强烈的上升运动,最终油会浮到水面上。同理,近地面较热的空气在浮力作用下上升,并形成一个上升的湿热空气流。当上升到一定高度时,由于气温下降,空气中包含的水蒸气就会凝结成水滴。当水滴下降时,又被更强烈的上升气流携升,如此反复不断,小水点开始积集成大水滴,直至高空气流无力支持其重量,最后下降成雨。

局部地区强对流天气范围大、次数频繁的主要原因是由于南下的冷空气异常活跃,频繁南下的冷空气与比较潮湿的空气碰撞而且十分不稳定,这种湿暖的大气在盛夏炎热的午后,会产生强烈的垂直运动而导致出现强对流天气。强对流天气的另一罪魁祸首是全球气候变暖。

**（三）强对流天气出现时间**

强对流天气在各地出现的时间不一样，南方比北方来得早，广东的强对流天气全年都可能出现。雷雨大风，多发生在春、夏、秋三季，冬天较为少见；短时强降水，一年四季都可见，也以春、夏、秋三季为多；龙卷风，一般发生在春夏过渡季节或夏秋之交（4—10月），以春夏过渡季节为多；冰雹，大多出现在冷暖空气交汇激烈的2—5月，也可在盛夏强烈而持久的雷暴中降落；飑线，多发生在春夏过渡季节冷锋前的暖区中，台风前缘也常有飑线出现，以3—9月居多。

**（四）强对流天气发生频率**

1. 雷暴

湖北省年平均雷暴日数在35天左右，最多年份达53天。春季和夏季是雷暴出现最多的季节，占全年雷暴日数的88.5％，其中7—8月占全年雷暴日数的47％；鄂西南，鄂东地区属雷暴高发区。近50年来，雷暴日数呈减少趋势。

2. 冰雹

冰雹多发生在山区或丘陵地带。湖北省冰雹发生时间以2—4月最多，9—12月最少；空间分布以鄂西南、鄂西北和江汉平原西部最多，鄂东较少。近50多年来冰雹发生呈减少趋势。

3. 龙卷风

根据湖北省1950—2017年有灾情记录的龙卷风发生次数有272例，主要发生在北纬30°～32°，东经112°～116°的区域内，其中出现次数较多的地方是天门，达17次，荆州、钟祥、黄陂、孝感分别达15次、15次、14次、11次，汉川、新洲、江夏、黄冈、仙桃出现6～9次，鄂西北、鄂西南、神农架林区历史上没有明显的龙卷风的记录。

1980年以前有记载的龙卷风很少，之后每年出现的龙卷风个例明显增加，由平均每年不足1次增加到6.9次，特别是2002年和2005年，分别出现23次、21次之多，2001—2010年期间，年均发生10.8次。龙卷风主要出现在每年的7—8月；一天中龙卷风主要发生在下午至傍晚期间，即15—19时。

# 第二节　夏季自然灾害防抗技术

## 一、五月寒防抗技术

**（一）五月寒天气危害**

1993年，5月全省平均气温为19.1℃，比常年同期偏低1.6℃。与此同时，出现了多雨、寡照的天气，是近30年来少见的五月寒，对早稻苗期生长很不利。据武汉市气象局调查，早稻迟发14天左右，5月底每亩总苗数比常年减少10万多苗，有一部分田块出现严重坐蔸。

2009年，5月下旬，全省平均气温鄂东东部20～21℃，其他地区大部17～20℃，与常年相比，大部地区偏低2～4℃。5月26—28日，全省连续3天日平均气温低于20℃，其中早稻主产区平均气温连续 3 天低于 18℃,达五月寒标准,与历年五月寒起始时间和持续天数相比,2009 年的五月寒起始时间最晚,对早稻幼穗分化造成较大影响,收获早稻空壳多、实粒少、产量低。据天门市农业部门调查,5 个早稻主产乡镇,早稻面积 14.7 万亩,有 9.3 万亩遭受不同程度灾害,其中减产 30% 以下的有 1.2 万亩,占 12.9%;减产 30%～50% 的有 2.5 万亩,占 26.9%;减产 50% 以上的有 5.6 万亩,占 60.2%,其中有 1 万多亩基本绝收。

受灾表现呈现一绿两低:一绿是受害稻株乌绿,其原因是受害稻株养分消耗少,植株体营养富余,后期植株贪青,不易落黄;两低:一是结实率低,受灾田块平均结实率只有 54.3%,比历年平均结实率 79.5%,降低 25.2 个百分点,比正常年结实率低 26.8 个百分点。二是产量低,早稻平均亩产 276 千克,比上年减产 24.3%。

**(二) 早稻防抗五月寒技术**

1. 科学种植避灾

(1) 选用优良品种。选用耐寒性能相对比较强、生育期中熟或中迟熟品种,使幼穗分化期避开低温。

(2) 适期播种移栽。依据品种生育期和当地气候条件,将幼穗分化时间适当后移,尽量避开五月寒发生时段,确定适宜播种期,一般中迟熟品种安排在 3 月底,早熟品种 4 月初。

(3) 培育壮苗提高抗逆性。做到测土配方施肥,适期移栽,合理密植,够苗晒田,湿润灌溉,培育壮苗提高抗寒能力。

2. 遇灾及时防抗

(1) 提前预防。根据天气预报,提前做好防灾措施,在五月寒天气发生之前,喷施芸苔素内脂、碧护等调节剂,增强植株抗逆性,防御或减轻灾害程度。

(2) 及时抗灾。对遭受五月寒的秧苗,及时追肥,每亩施尿素 4～5 千克,攻分蘖成大穗,喷施芸乐收加 1% 的尿素液 1～2 次,稳定结实率,提高穗粒重。

## 二、暴雨洪涝防抗技术

**(一) 暴雨洪涝危害**

暴雨洪涝对农业的危害主要有两个方面。

1. 农田渍涝

由于暴雨急而大,排水不畅易引起积水成涝,土壤孔隙被水充满,造成农作物根系缺氧,使根系生理活动受到抑制,产生有毒物质,致使作物受害而减产。

2. 洪涝灾害

由暴雨引起的洪涝淹没作物,使作物新陈代谢难以正常进行而发生各种伤害,淹水越深,淹没时间越长,危害就越严重。特大暴雨引起的山洪暴发、河流泛滥,不仅危害农作物、果树和渔业,而且还冲毁农田和设施,甚至造成人畜伤亡,经济损失严重。

**(二) 暴雨洪涝对农业生产的影响**

1. 影响早稻结实与收割

湖北省早稻抽穗至成熟的时间,在 6 月上中旬至 7 月上中旬,刚好处在梅雨季节,一旦遭遇暴雨洪涝,就会造成授粉结实不良,空壳率高,加上寡照影响茎叶光合作用,淹水根系生长不良,吸收水肥能力降低,严重淹水的植株叶片失绿,不能制造干物质,籽粒灌浆受阻或停止,产量降低;成熟的稻谷遭遇雨涝,谷粒会发生萌动发芽,加之涝灾收割及谷粒晾晒困难,稻谷产量和品质都会降低。据天门市1991年早稻灾情统计,地处滨湖的5个乡镇,种植早稻11.3万亩,其中绝收2.4万亩,能收获的8.9万亩,平均单产只有147.5千克;丘陵地区的6个乡镇平均单产299.4千克,全市早稻平均单产只有256千克,比上年的单产425千克,减少189千克,减产39.8%。

2. 影响中稻幼穗分化与成穗

梅雨洪涝发生时,中稻处于幼穗分化期,秧苗高度60~70厘米,此时淹水深40~50厘米,持续7~8天,就会造成基部老叶和一部分迟发分蘖死亡,致使有效穗数减少;如果俺水深度漫顶,稻株不能进行呼吸交换,茎叶失绿腐烂,根系变黑,退水后枯死;淹水浅或俺水时间短的秧苗,叶片上满是泥浆,光合作用严重减弱,影响幼穗分化形成大穗。

3. 影响晚稻秧苗生长

(1)一季晚稻。5月底至6月上旬播种的一季晚稻,梅雨期间,秧苗由3叶断乳至分蘖期,抗灾能力很弱,遭遇洪涝灾害,轻者秧苗短时受淹,叶片黏附泥浆,影响光合作用,生长缓慢,重者造成死苗。

(2)双季晚稻。一般在6月20日前后播种,一旦遭遇暴雨洪涝,就会造成刚播种的谷粒冲走,或秧苗淹死。

4. 影响玉米生长发育

(1)影响春玉米授粉结实。平原丘陵地区春播玉米,在6月中下旬进入抽雄授粉期,遭遇暴雨洪涝,易出现雄穗开花散粉不良,雌穗吐丝不畅,造成授粉不正常;加之根系呼吸困难,营养吸收受阻,叶片不能正常进行光合作用,制造干物质能力严重降低,雌穗籽粒得不到足够营养,极易退化或停止灌浆,产量降低。

(2)影响夏播玉米苗期生长。涝渍抑制根系伸长,叶色发黄,生长缓慢,甚至僵苗不长。

**(三)暴雨洪涝科学防抗技术**

1. 提早做好抗灾预案

根据气象部门发布的汛期预报,农业农村、水利、应急、气象等部门,在汛期之前,提早做好暴雨洪涝防灾抗灾各项准备工作。

2. 立足于避灾防灾

对低湖低洼水田,做好种植季节的调整,安排早稻、再生稻种植,争取早成熟早收割;平原地区安排耐涝耐渍性强、生育期弹性相对较大的中稻品种,退水后有较长恢复生长发育时期;晚稻育秧安排在地势较高的田块,避免暴雨洪涝淹水。

3. 坚持抗灾生产

遇到暴雨洪涝灾害发生,要组织人力、物力,全力抗灾,切实搞好"三抢"工作。

(1)抢排积水。调集区域管水人员,启动所有排水泵站和临时排水设备,日夜排涝,确保洪涝不淹没作物顶部心叶。

（2）抢收抢管。①抢收。对成熟的早稻、再生稻头季，及时抢收、烘干或晾晒，减少洪涝损失。②抢管。对遭遇洪涝的稻田秧苗，抓好 3 项管理措施：一是追施提苗肥，补充被洪涝损失的营养，每亩施尿素 3～5 千克；二是湿润灌溉，降低田间湿度，提高根系活力，增强叶片光合作用能力，增加干物质积累；三是防治病虫害，依据农业植保部门的预测预报，以及当地田间病虫发生情况，选用对口农药适时适量喷防。

（3）抢时补种。对淹水时间过长，稻株死亡 30％以上的田块，采取翻耕整田改种，在 7 月 25 日前，选用早稻品种实行"早翻秋"种植。根据湖北省现代农业展示中心 10 多年"早翻秋"试验结果，7 月上旬退水直播种植的田块，选用迟熟早稻品种，亩产稻谷 500 千克左右；7 月中旬退水播种的田块，选用中早熟早稻品种，亩产稻谷 400～450 千克；7 月下旬退水播种的，选用早熟早稻品种，或用中熟早稻品种，在 7 月 15 日前后进行旱育秧，退水后整田移栽或抛秧，亩产稻谷 350～400 千克。

## 三、干旱灾害防抗技术

### （一）干旱危害

干旱是湖北省发生频率高、持续时间长、危害范围广、后续影响大的最严重气象灾害之一。干旱造成土壤水分短缺，影响播种的农作物正常发芽出苗、生长发育、开花结果、产量降低甚至无收；严重干旱会造成城乡居民，人畜饮水困难；捕食动物受害，尤其是造成消灭鼠害和虫害的鸟类大量减少，引发蝗虫等害虫大量繁衍与危害。

"干旱一大片"。对农业生产影响范围比较大，尤其是丘陵、岗地，水源条件比较差的地方，受旱灾危害程度比较重。

#### 1. 水稻旱灾

当土壤含水量降到田间持水量的 60％以下时，水稻的生长发育就要受到影响，产量降低；降到田间持水量的 40％以下时，叶尖吐水停止，产量剧减；降到 30％以下时，水稻叶开始凋萎；降到 20％时，则一天内水稻叶都卷成针状，并从叶尖开始逐渐干枯。不同生育阶段，干旱造成的损失不一样，生殖生长期受影响最大，移栽期次之，分蘖期最小。

（1）移栽期干旱。秧苗成活的下限土壤含水量是田间持水量的 35％；达到 40％～45％时，要到移栽后 10 天才能长出新根而成活；达到 60％时，第四天就能长出新根。

（2）分蘖期干旱。生长受到抑制，甚至一部分叶片枯死，但只要干旱持续时间不长，一旦有了水，仍能很快恢复生长，对产量影响比较小。

（3）生殖生长期干旱。造成的危害比较大，最敏感的是孕穗期，更精确地说是在花粉母细胞减数分裂期到花粉形成期，这个时期由于配子体的发育，新陈代谢旺盛，叶面积大，光合作用强，蒸腾量大，是水稻一生中需水的临界期。此时受旱就会严重影响光合作用和对矿物质养分的吸收，影响有机物质的合成和运输，引起大量颖花形成败育。减少总颖花数或使花粉粒发育不全、畸形，抽穗后不能受精而使水稻粒成为空壳。

（4）抽穗开花期干旱。会影响抽穗，造成包颈，或抽出的穗子不舒展，开花不顺利，花粉生活力下降,甚至干枯死亡,或不能正常授粉,致使结实率降低,空壳率增加。

(5) 开花到成熟期干旱。主要是破坏有机物质向穗部的运输,使叶片的光合作用产物和叶鞘、茎秆中的贮藏物质向穗部的运输困难,有些谷粒过早地停止灌浆而成为瘪粒。

干旱使稻株根系吸收水分和养分的数量大为减少,矿物质营养的运输无法正常进行,同时功能叶寿命缩短,过早枯黄,造成粒重降低,产量减少。另外,干旱还会加重病害。

2. 玉米旱灾

玉米是旱作物,多数种植在岗地、丘陵平地或山区缓坡地上,与平原地区相比保水能力较差,依靠自然降水生产,遭遇干旱影响和危害的概率较大。

(1) 苗期阶段。从播种到拔节一段生长过程遇到干旱,土壤墒情不足,表层土壤水分小于或等于田间最大持水量的50%时,满足不了种子吸水发芽的需要,造成出苗不齐、缺苗断垄,或幼苗生长缓慢;苗期遇到干旱,影响根、茎、叶生长,造成僵苗不发,叶色黄化,抑制生长速度,植株矮小细弱,根系发育受阻,形成"小老苗"。

(2) 穗期阶段。从拔节期到雄穗开花期的一段时间,是营养生长与生殖生长并进时期,也是需水临界期。此期遭遇干旱,叶绿蛋白降解,叶绿体受到破坏,减少了对光能的吸收,同时叶绿蛋白又是组成内膜的成分,叶绿蛋白降解后,使膜的结构受到损伤,抑制了光合磷酸化过程,使 $CO_2$ 同化量减少。干旱条件下玉米植株水分平衡遭到破坏,造成叶片卷缩,植株萎蔫,生长缓慢或停止生长。萎蔫是玉米植株根系吸水少于植株蒸腾失水产生的一种表现,也是植株对干旱的本能反应,此时叶片气孔关闭,使蒸腾作用大为降低,可使其失水速度降低80%～90%。当水分降低到萎蔫系数,就会迫使叶片从植株各部位器官攫取水分,根系中的根毛开始死亡,使其无法再从土壤中吸取水分,致使植株旱死。

(3) 花粒阶段。从雄穗开花期到籽粒成熟期经历的一段时间,遭遇干旱对玉米产量影响很大。据研究,春玉米全生育期耗水量为500毫米左右,夏玉米全生育期耗水量约为400毫米,受旱程度以土壤湿度占田间持水的百分率表示,适宜为75%～85%,轻旱为50%～60%,重旱为40%～50%,极旱为小于等于40%;当缺水20%以下时,减产5%以下;缺水30%,减产9%;缺水40%时,减产16%;缺水50%,减产24%;缺水减产最严重的是抽雄授粉期,此期缺水50%,就会造成"卡脖旱",雄穗抽不出,或抽出的雄穗花粉干瘪,花丝干枯,不能授粉,或雄穗与雌穗生长不协调,减产可达75%以上。

**(二) 科学防抗旱灾技术**

1. 兴修水利,合理灌溉

因地制宜,建设水库、塘堰蓄水;平原、岗地打机井,利用地下水,搞好灌溉配套工程,发生干旱时,进行科学调度水源,在作物需水的关键时期,适时适量合理灌溉,提高抗旱效果及水的利用率。

2. 建设高标准农田

平整土地,将坡耕地建成水平梯地控制水土流失,减少地表径流,增强土壤蓄水能力。在25°以下的缓坡地,建成水平梯地后,在遇到相同暴雨下,径流速度减少1/3,径流量减少90%,表土流失减少 80%～90%，基本上可达到水、土不出田。

### 3. 调整种植结构

在遭受干旱影响频繁及较重的地区，调整种植需水量小、耐旱性较强的作物。如水源不足的水稻产区，可将无水源田、高塝田、保水性差的漏水田，调整种植旱作物玉米、甘薯、水果等。

### 4. 抢墒适期播种

旱地作物小麦、玉米、大豆等，因地制宜抢住土壤墒情整地播种，墒情不足可适当深播 1～2 厘米；如果遇到干旱时间较长，可采取干播等雨；有条件的及时浇水，顺畦沟窜灌，随灌随排。

## 四、高温热害防抗技术

### (一) 高温危害

高温热害影响最大的是水稻、玉米和棉花等作物，尤其是中稻幼穗分化至扬花授粉期，夏播玉米抽雄吐丝授粉期，棉花开花结铃阶段，对高温敏感，受害致灾最为严重。

高温对农作物生长和发育所造成的危害，统称为热害。在长江中下游地区，受害农作物主要是早稻、中稻、玉米、棉花、花生、蔬菜等。

#### 1. 高温热害对水稻生产的影响

温度是水稻完成生长发育周期的主要生态环境因素之一。从生物学角度，水稻的不同发育阶段或生命活动过程，均有一定的最低、最适和最高临界温度。当环境温度高于其生育的最适温度时，就开始不利于其最终干物质生产或导致生产潜力降低。

（1）高温影响的水稻区域。高温主要影响长江流域及以南地区的早稻和中稻生产。长江流域 7 月中旬至 8 月中旬常受副热带高压控制，容易出现持续高温天气，加上该地区粮食主产区多为平原，特有的盆地环境热量不易散失，常使持续高温加重，而此时正处于中稻孕穗和抽穗开花的敏感时期，也是早稻灌浆期，易受高温影响。

（2）高温危害水稻开花授粉。水稻的整个生长发育过程中以开花期对高温最敏感，灌浆期次之，营养生长期最小。从产量构成性状看，以结实率对高温最敏感，每穗粒数次之，千粒重第三，株穗数最小。

水稻高温热害主要发生在孕穗至扬花授粉阶段，以开花前一天的颖花受热害最重，主要伤害花粉粒，使之降低活力。遭遇 35℃ 以上持续高温，使花器发育不全，花粉发育不良，活力下降，散粉不畅，或花粉管伸长，尖端大量破裂，使其失去受精能力，造成空秕粒率上升而减产甚至绝收。一般水稻抽穗前后各 10 天对高温最敏感，此阶段需要的最适宜温度为 25～30℃，杂交水稻以 25～28℃ 为宜。日平均温度达到 30℃ 以上，对开花结实有明显伤害；日最高温度大于 35℃ 为抽穗开花的热害指标；在恒温 38℃ 条件下全部不结实。在同样高温条件下抽穗扬花，杂交稻的空壳率明显高于常规稻。

（3）高温危害水稻灌浆结实。水稻灌浆期受高温影响会使叶温升高，降低叶片同化能力，增加植株呼吸，使籽粒内磷酸化酶和淀粉酶的活性减弱，灌浆速度降低，灌浆时间缩短，形成"逼熟"现象，千粒重下降，秕粒率增加，引起明显减产。

2. 高温热害对玉米生产的影响

(1) 高温热害指标。玉米各生育阶段的热害指标,以中度热害为标准,苗期为36℃,生殖生长期为32℃,开花期气温高于32℃不利于授粉,成熟期为28℃。据研究,温度29℃时,会造成轻度热害,将减产11.9%;温度上升到33℃,发生中度热害,将减产52.9%;温度达到36℃,发生严重热害,将造成减产80%以上。

(2) 玉米遭遇高温危害。影响光合作用:高温条件下玉米光合蛋白酶活性降低,叶绿体结构遭到破坏,引起气孔关闭,从而使光合作用减弱;再就是高温使呼吸消耗明显增多,干物质积累下降。

高温对生殖器官功能的影响:①对雄穗的影响。孕穗至散粉过程中,高温都可能对玉米雄穗产生伤害。气温持续高于35℃不利于花粉形成,开花散粉受阻,雄穗分枝变小数量减少,小花退化,花药瘦瘪,花粉活力降低。温度超过38℃时,雄穗不能开花,散粉受阻。②对雌穗的影响。高温影响玉米雌穗的发育,使雌穗各部位分化异常,吐丝困难,延缓雌穗吐丝或造成雌雄不协调、授粉结实不良。自然条件下,抽丝后2~4天内接受花粉的能力较强,没有接受花粉的花丝在抽丝6天后活力开始下降,12天后停止生长,逐渐枯萎。在高温条件下,雌穗吐丝后生长速率减慢,花丝容易失水枯萎,表面黏液减少,花丝寿命缩短,甚至丧失活力,花粉在柱头上萌发困难,引起玉米授粉不良;或萌发后由于花丝不能供给充足的水分,导致花粉管到达子房的速度减慢,授粉后仅有少量受精,或受精后发育不良,最后结实率不高或籽粒瘦瘪。

使生育期缩短:高温迫使玉米生育进程各种生理生化反映加速,雌穗分化数量明显减少,果穗明显变小。生育后期高温使植株过早衰亡或提前成熟,灌浆时间缩短而大大减少了干物质积累,千粒重、容重、品质和产量均大幅下降。

高温易引发病害:夏播玉米苗期处于生根期,抗不良环境能力较弱,若遇连续7天高温干旱,会降低根系生理活性,使植株生长较弱,抗病力降低,易受病菌侵染而发生苗期病害。在较高温度下容易发生纹枯病;灌浆成熟期若遇雨后突晴的高温高湿天气,容易引发青枯病的大流行,造成产量和品质下降。

**(二) 高温热害防抗技术**

1. 水稻高温热害的科学防抗

(1) 选用耐高温性强的品种。水稻品种对高温的耐性程度有差异,常规稻品种较杂交稻品种抗耐性强一些,三系杂交稻品种较两系品种抗耐性强一些,生产上要因地制宜选用水稻品种。

(2) 适期播插避开高温。通过调整水稻播种育秧和插秧时间,使抽穗扬花期避开高温天气影响。江汉平原及鄂东沿江地区,早稻适宜播期为3月下旬至4月初,插秧期4月下旬,6月上旬抽穗扬花。中稻的抽穗扬花期,安排在8月中旬为宜,依据品种的生育期确定适宜的播种期,迟熟品种宜在4月底,中熟品种5月上旬,早熟品种5月中旬;一季晚稻5月下旬至6月上旬。

(3) 遇到高温科学防抗。水稻抽穗扬花期遇到高温热害天气,应立即组织做好防抗,减轻危害。①科学灌溉,高温期间保持田间8厘米左右的水层,满足植株蒸发对水分的要求,增大田间湿度,降低田间温度,改善田间小气候,保护稻株不受高温热害。②根外喷施调节剂,用200克磷酸二氢钾对水 40～50 千克根外喷施 2 次,可明显降低植株温度 2℃左右,增加湿度 10% 左右,可降低空秕率 2%～6%,提高千粒重 0.8～1.0 克。③因苗增施肥料根据受高温影响程度,结合灌水,每亩施 3～4 千克尿素,补充营养,增强叶片光合作用,向穗部运输干物质能力。

**2. 玉米高温热害的防抗技术**

(1) 选用耐高温性强的品种。选用叶片窄短、直立上冲、持绿期长,光合积累效率高的紧凑型耐高温品种。

(2) 因地制宜适期播种。江汉平原及鄂东地区,露地种植春玉米宜在 4 月初播种,6 月下旬抽雄吐丝;地膜覆盖栽培,可提早到 3 月中旬播种,6 月上旬抽雄吐丝授粉;鲜食甜玉米和糯玉米,地膜覆盖育苗移栽,可在 3 月上旬播种,地膜加小拱棚双膜覆盖,可提早到 2 月下旬播种;鄂北地区夏玉米宜在 6 月上旬播种,8 月中旬抽雄吐丝授粉,避开 7 月下旬至 8 月上旬高温热害天气。

(3) 抗旱浇水降低田间温度。有水源条件的地方,遇到高温及时抗旱浇水,顺厢沟窜灌,随灌随排,避免田间积水,影响土壤透气和根系生长。

(4) 根外喷施调节剂。选用磷酸二氢钾、抗旱剂 1 号、硫酸锌等,对水成 0.2% 的溶液根外喷施,能增强花丝和花药的活力,提高抗耐高温的能力。

(5) 人工辅助授粉。玉米植株开花授粉期,于上午 8—9 时,在玉米行间人工手握竹竿推动植株散粉;或采集花粉,进行人工授粉,提高结实率。

## 五、强对流天气防抗技术

强对流天气是气象灾害中历时短、天气剧烈、破坏力很强的灾害性天气。强对流天气发生时,往往几种灾害同时出现,对农业生产和国计民生影响很大。

**(一)调整作物种植结构避灾**

在强对流天气多发地区,尤其是山区,增加种植抗强对流天气灾害和复生力强的马铃薯、甘薯等根茎类作物比例;将农作物关键生育期错开强对流天气灾害多发时段。

**(二)提高强对流天气预报水平防灾**

充分利用气象雷达监测,加强气象台、站联防预报强对流天气的发生,监视其活动,利用地球同步卫星连续拍摄的云图照片,对强对流天气的发生、发展、移动及消亡进行探索、追踪,配合天气形势图分析,判断强对流天气出现的地区,从而可提高强对流天气的预报水平;建立健全防灾系统,当发现强对流天气将发生时,及时发出警报;通过广播、电视、高频电话等,迅速将强对流天气可能出现的预报传达至各有关地区、有关单位,以便在强对流天气出现以前采取必要的防御措施。

**(三)灾情发生后及时采取措施救灾**

当强对流天气灾害发生后,农作物除遭受机械损伤外,还可能受到许多间接危害,应根据不同灾情、不同作物、不同生育期的抗灾能力等情况,及时采取补救措施。

## 第三节　夏季作物生育进程与气象条件

按照《QX/T 152—2012 气候季节划分》,夏季为日平均气温或滑动平均气温大于等于22℃。湖北省常年入夏时间为5月20日(图3-8)。1961—2017年湖北省入夏时间整体呈明显提前趋势,平均每10年提前1.9天。常年夏季长度123天,最长年为2006年达170天,最短年为1971年只有103天,平均每10年延长4天。

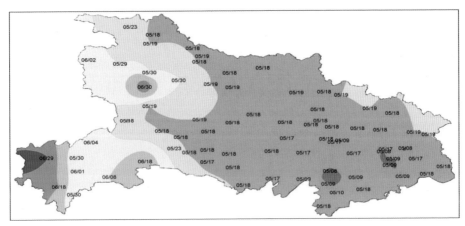

图 3-8　湖北省各地平均入夏时间空间分布图(月/日)

🌐**夏季**　按阳历法划分,6月至8月为夏季。6个节气分别是芒种、夏至、小暑、大暑、立秋、处暑。

**农业灾害保险知识**:农业保险是指专为农业生产者在从事种植业和养殖业生产过程中,根据互助共济原则,对各种可保风险进行防灾防损,对遭受自然灾害造成的经济损失提供保障的一种保险。通过保险赔付,少数投保受灾户的损失可以由大多数未受灾投保户来共同承担,使受灾户能够应付农业风险,获得补偿损失和恢复生产的必要资金。

但是,由于农业灾害保险保费收入少,赔率高,世界各国一般采取低保额、低收费和联合共保的方式,是一种非营利的政策性保险。我国在20世纪80年代试行农业灾害保险,由于采取商业保险的形式,保险公司无利可图,绝大多数农户的经营规模小,缺乏投保能力,而后来萎缩。2003年以后,我国政府加大了支农力度,在许多省、市、区开展了农业灾害政策保险的试点工作,采取农户交一块,地方筹一块,国家财政补一块的保费筹集方式,已取得初步成效(表3-3)。从2019年起,国家又开始了农业灾害保成本、保效益的政策试点。

表 3-3　2016—2020 年中央本级农业保险保费补贴公共财政支出及预算表

| 年　份 | 2016 | 2017 | 2018 | 2019 | 2020 |
|---|---|---|---|---|---|
| 中央本级公共财政农业保险保费补贴支出预算(亿元) | 22.63 | 20.37 | 27.13 | 18.45 | 28.48 |
| 中央本级公共财政农业保险保费补贴实际支出(亿元) | 22.6 | 20.37 | 27.13 | 40.37 | |

资料来源:国家财政部。

## 一、6 月农作物生育进程与气象条件

**6月 上旬**

### 生育进程

| | |
|---|---|
| **早稻、再生稻头季**：拔节、孕穗期 | **山区中稻**：分蘖期     **沿江平原中稻**：移栽、返青期 |
| **沿江平原直播中稻**：播种期 | **小麦**：丘陵、二高山地区小麦成熟收割期 |
| **早春鲜食甜玉米、糯玉米**：采收期 | **春玉米**：丘陵平原玉米抽雄期；二高山玉米拔节期 |
| **春季鲜食甜玉米、糯玉米**：吐丝期 | **夏玉米**：播种期     **夏大豆**：播种期 |
| **马铃薯**：高山春播现蕾期；平原丘陵地区冬播马铃薯成熟收获期 | **棉花**：苗期 |
| **西瓜、甜瓜**：大棚西瓜、甜瓜成熟；露地无籽西瓜雌花开花期 | **芝麻、绿豆**：播种期 |
| **花生**：春播花生开花下针期；夏播花生播种期 | **桃**：新梢生长期、中熟桃成熟期 |
| **柑橘**：夏梢抽发期，第二次生理落果期 **梨**：花芽分化期，果实生长期 **葡萄**：幼果期，硬核期 | |

### 旬气象条件

| | 气象站点 | 武汉 | 黄冈 | 荆州 | 襄阳 | 宜昌 | 恩施 |
|---|---|---|---|---|---|---|---|
| **旬气象参数** | 纬度 | 30°37′ | 30°26′ | 30°21′ | 32°2′ | 30°42′ | 30°17′ |
| | 经度 | 114°8′ | 114°54′ | 112°9′ | 112°10′ | 111°18′ | 109°28′ |
| | 平均气温（℃） | 25.2 | 25.1 | 24.6 | 24.5 | 24.5 | 22.9 |
| | 极端高温 温度（℃） | 36.5 | 36.4 | 36 | 38.7 | 38.1 | 37.8 |
| | 极端高温 出现日期 | 2005-6-4 | 1988-6-7 | 2009-6-6 | 1960-6-5 | 2011-6-8 | 1958-6-1 |
| | 极端低温 温度（℃） | 13 | 13.3 | 13 | 9.3 | 14.7 | 12.5 |
| | 极端低温 出现日期 | 1987-6-7 | 1987-6-7 | 1987-6-8 | 1959-6-5 | 1987-6-8 | 1966-6-2 |
| | 旬日照（小时） | 56.7 | 58.6 | 49 | 64 | 47.5 | 40.6 |
| | 降水量（毫米） | 57.8 | 57.2 | 47.8 | 33.2 | 51.1 | 60.6 |

### 农时节气 芒种

每年阳历 6 月 5—7 日，太阳到达黄经 75°时为"芒种"节气。

"芒种争时"。争在何处？争在"芒"上，争在"种"上。"芒"是指黄河流域有芒的作物，如大麦、小麦等，到了芒种节气前后，先后进入成熟期，需要抓紧时间收割。"种"是播种，农业生产处于"夏收、夏种、夏管"的"三夏"生产大忙季节。

1. 忙夏收

湖北省鄂西北及鄂北岗地区域，麦子已成熟，若遇连阴雨天气，甚至冰雹、大风灾害，会造成小麦无法及时收获，导致倒伏、落粒、穗上发芽、烂麦场。必须抓紧有利时机，组织农业机械抢收。

2. 忙夏种

抢时间播种夏玉米、大豆、芝麻、花生，一季晚稻，移栽中稻、甘薯等。

3. 忙夏管

对春播玉米、春播花生、棉花、早稻、再生稻等,因苗追肥,浇水,防治病虫草害等田间管理。

## 农业科技

夏玉米:适期播种,以规避抽雄吐丝期遇7月底至8月初的高温干旱;选用株型紧凑、生育期110天左右、耐高温、结实性好的品种,种子须精选包衣;少免耕机直播,江汉平原地区保留前茬作物沟厢推行垄作,以便排水散墒,选用玉米精量播种机作业,开沟、播种、施肥、覆土作业一次性完成,平均行距60厘米左右,穴距22～25厘米,每亩播种密度4500～5000穴;底肥亩施玉米专用肥50千克;播后芽前喷施乙草胺或精异丙甲草胺封闭除草。

夏大豆:前茬小麦、油菜收割后,根据天气和土壤墒情适期播种,提倡免耕播种,也可旋耕整地播种,视土壤肥力情况轻施底肥,亩施复合肥($N_{15}P_{15}K_{15}$)25千克;行距40～50厘米,穴距10厘米或20厘米,后者每穴留双苗,每亩保苗1.3万株左右;播后苗前喷施精异丙甲草胺乳油封闭杂草;适墒促齐苗。

花生:夏播花生适墒播种,每亩播种10000～12000穴,每穴播2粒,结合旋耕整地施足底肥。

表3-4　全国历年粮食总产量　　　　　　　　　　　　　　　　　　单位:万吨

| 年份 | 粮食总产量 | 稻谷 | 小麦 | 玉米 | 大豆 | 薯类 |
|------|-----------|------|------|------|------|------|
| 1949 | 11318 | 4865 | 1382 | 1242 | 509 | 984 |
| 1952 | 16393 | 6843 | 1813 | 1685 | 953 | 1633 |
| 1957 | 19505 | 8678 | 2364 | 2144 | 1005 | 2193 |
| 1965 | 19453 | 8772 | 2522 | 2366 | 614 | 1986 |
| 1970 | 23996 | 10999 | 2919 | 3303 | 871 | 2668 |
| 1975 | 28452 | 12556 | 4531 | 4722 | 724 | 2857 |
| 1980 | 32056 | 13991 | 5521 | 6260 | 794 | 2873 |
| 1985 | 37911 | 16857 | 8581 | 6383 | 1050 | 2604 |
| 1990 | 44624 | 18933 | 9823 | 9682 | 1100 | 2743 |
| 1995 | 46662 | 18523 | 10221 | 11199 | 1350 | 3263 |
| 2000 | 46218 | 18791 | 9964 | 10600 | 1541 | 3685 |
| 2005 | 48402 | 18059 | 9745 | 13937 | 1635 | 3469 |
| 2010 | 55911 | 19723 | 11609 | 19075 | 1541 | 2843 |
| 2012 | 61223 | 20653 | 12247 | 22956 | 1344 | 2883 |
| 2013 | 63048 | 20629 | 12364 | 24845 | 1241 | 2855 |
| 2014 | 63965 | 20961 | 12824 | 24976 | 1269 | 2799 |
| 2015 | 66060 | 21214 | 13256 | 26499 | 1237 | 2729 |
| 2016 | 66044 | 21109 | 13319 | 26361 | 1360 | 2726 |
| 2017 | 66161 | 21268 | 13424 | 25907 | 1528 | 2799 |
| 2018 | 65789 | 21213 | 13144 | 25717 | 1597 | 2865 |
| 2019 | 66384 | 20961 | 13360 | 26078 | 1809 | 2883 |
| 2020 | 66949 | 21186 | 13425 | 26067 | 1960 | 2987 |

资料来源:2021年中国农村统计年鉴。

# 6月 中旬

## 生育进程

| | | |
|---|---|---|
| 早稻：抽穗期 | 再生稻：头季拔节期 | 山区中稻：有效分蘖末期 |
| 沿江平原中稻：分蘖期 | 平原直播中稻：苗期 | 一季晚稻：播种期 |
| 春鲜食甜玉米、糯玉米：籽粒形成期 | 春玉米：丘陵平原玉米抽雄、吐丝期，二高山玉米拔节期 | |
| 夏玉米：播种期 | 夏大豆：播种、出苗期 | 马铃薯：高山春播马铃薯现蕾期 |
| 棉花：移栽棉蕾期；直播棉苗期 | 西瓜、甜瓜：露地果实膨大期 | 花生：春播结果期；夏播出苗期 |
| 梨：花芽分化期，果实迅速生长期 | 葡萄：硬核期，果实膨大期 | 桃：新梢生长期，中熟桃成熟期 |

## 旬气象条件

| 气象站点 | 武汉 | 黄冈 | 荆州 | 襄阳 | 宜昌 | 恩施 |
|---|---|---|---|---|---|---|
| 纬度 | 30°26′ | 30°37′ | 30°21′ | 32°2′ | 30°42′ | 30°17′ |
| 经度 | 114°54′ | 114°8′ | 112°9′ | 112°10′ | 111°18′ | 109°28′ |
| 平均气温(℃) | 26.1 | 26.3 | 25.7 | 25.7 | 25.5 | 23.8 |
| 极端高温 温度(℃) | 37.9 | 37.4 | 37.8 | 38.8 | 39.9 | 40.2 |
| 极端高温 出现日期 | 2013-6-19 | 1981-6-20 | 2013-6-19 | 1974-6-17 | 1974-6-17 | 1952-6-15 |
| 极端低温 温度(℃) | 17.1 | 15.5 | 16.4 | 15.4 | 16.5 | 15.3 |
| 极端低温 出现日期 | 1970-6-14 | 1963-6-11 | 1987-6-15 | 1983-6-15 | 1987-6-15 | 1997-6-11 |
| 旬日照(小时) | 61.3 | 60.3 | 53.1 | 63.2 | 45.5 | 41 |
| 降水量(毫米) | 64.2 | 63.6 | 45 | 32.3 | 37.5 | 69.1 |

## 防灾减灾

水稻主要病虫害药剂防治技术方案：

（1）防治指标。一代二化螟：幼虫孵化盛期百蔸枯鞘率超过10%，孕穗期百蔸新虫苞超过40个；稻飞虱：百蔸虫量＞1200头。纹枯病：病蔸率30%；叶瘟：见病施药；稻曲病：水稻破口前3～5天；稻瘟病：水稻破口5%。南方水稻黑条矮缩病：在带毒白背飞虱迁入秧田和本田初期时进行防治。

（2）科学用药。以下为每亩用量，兑水45千克喷雾防治，多种病虫混发可合理混配用药，统防统治。

二化螟、稻纵卷叶螟用药：①20克/升氯虫苯甲酰胺(康宽)10毫升；②40%氯虫·噻虫嗪(福戈)8克；③20%甲维·毒死蜱水乳剂60～80克；④1.8%阿维菌素80～100毫升。

稻飞虱用药：①25%噻嗪酮可湿粉剂25克；②25%噻虫嗪水分散粒剂3克；③25%吡蚜酮可湿粉剂25克。稻飞虱和稻纵卷叶螟混发田块，可加丙溴磷、毒死蜱混用防治。

纹枯病用药：①15％井冈·丙环唑可湿性粉剂 13～26 克；②20％井冈霉素水溶性粉剂 40 克。

稻曲病用药：①15％井冈·丙环唑可湿性粉剂 13～26 克（兼治纹枯病）；②30％苯丙·丙环唑乳油 15～25 毫升；③20％井冈霉素可湿性粉剂 40 克。

稻瘟病用药：①20％三环唑可湿性粉剂 100 克；②25％咪鲜胺乳油 60～100 毫升；③2％春雷霉素液剂 100 毫升。※病叶率达 5％的田块防治两次。

南方水稻黑条矮缩病用药：①噻嗪酮；②吡蚜酮（兼治稻飞虱）；③醚菊酯；④吡虫啉。

**表 3-5　水稻主要病虫害防治时期**

| 时期 | 5月 | | | 6月 | | | 7月 | | | 8月 | | 9月 | | | 10月 |
|---|---|---|---|---|---|---|---|---|---|---|---|---|---|---|---|
| | 上 | 中 | 下 | 上 | 中 | 下 | 上 | 中 | 下 | 上 | 下 | 上 | 中 | 下 | |
| 早稻 | 一代二化螟 | | | | | 纹枯病 | 晚稻 | 7月中旬以后南方水稻黑条矮缩病 | | 四代稻飞虱、四代稻纵卷叶螟 | | 五代稻飞虱、稻瘟病 | | | |
| | | | | | | | | | | 纹枯病 | | | 稻曲病 | | |
| 中稻 | 7月底前防叶稻瘟 | | | | | | | | 三代稻飞虱、稻纵卷叶螟 | | 四代稻飞虱 | | | | |
| | | | | | | | | | | 稻曲病 | 稻瘟病 | | | | |
| | | | | | 7月中旬以后防纹枯病 | | | | | | | | | | |

梅雨：常年 5—7 月的春末夏中季节，长江中下游地区自南向北，一般都出现比较集中的阴沉多雨天气，有时还夹杂着大到暴雨过程，此时正值梅子黄熟季节，故称梅雨。

梅雨期的确定标准：凡 5 月下旬至 7 月中旬期间连续 10 天内，有 6 天以上阴雨或连续 5 天内有 3 天以上阴雨，总降雨量大于 25 毫米，且日平均气温基本稳定在 22℃左右，即作为梅雨期开始。若连续 5 天基本无雨，且气温明显升高，日最高气温均在 30℃以上，天气酷热，地面南风风速加大，即作为梅雨结束。

梅雨期是湖北暴雨灾害的多发时段，常因降水集中，强度大，持续时间长，造成暴雨洪涝灾害高发，形成重灾。应密切关注短期天气预报，树立抗灾生产意识，抢收抢种抢管，疏通沟渠，防洪涝防渍害。

强对流天气：指发生突然、天气剧烈、破坏力极大，常伴有雷雨大风、冰雹、龙卷风、局部强降雨等强烈对流性的灾害性天气。发生在对流云系或单体对流云块中，在气象上属中、小尺度天气系统。这种天气的水平尺度一般小于 200 千米，有的仅几千米。是气象灾害中历时短、天气剧烈、破坏性强的灾害性天气。世界上把它列为仅次于热带的气旋、地震、洪涝之后的第四位具有杀伤性的灾害性天气。

冰雹：一般多出现在春夏之交。是从雷雨云中降落的坚硬的球状、锥状或形状不规则的固体降水。冰雹是由于冰晶或雨滴在对流的积雨云中下落到强的上升气流中被重新带到高空冻结层再度增长，经过多次反复直到上升气流无法托住后坠下而形成。通常直径 5 毫米以上的都称为冰雹，大冰雹直径 2 厘米左右，像鸡蛋大（直径约 10 厘米）冰雹比较罕见，特大冰雹直径可达 30 多厘米。

# 6月 下旬

## 生育进程

早稻：抽穗至灌浆结实期　　再生稻：头季拔节期　中稻：分蘖期，一季晚秧苗分蘖期

双季晚稻：育秧播种期　　春季鲜食甜玉米、糯玉米：采收期　夏玉米：苗期

春玉米：吐丝期到籽粒灌浆期，二高山玉米拔节期　　夏大豆：苗期

马铃薯：高山春播马铃薯开花期　棉花：移栽棉始花期；直播棉雷期　花生：春播花生结果期

西瓜、甜瓜：露地处于果实膨大，即将成熟期

梨：花芽分化期、果实迅速生长期　桃：新梢生长期，中熟桃成熟期　葡萄：着色期

## 旬气象条件

旬气象参数

| 气象站点 | 武汉 | 黄冈 | 荆州 | 襄阳 | 宜昌 | 恩施 |
|---|---|---|---|---|---|---|
| 纬度 | 30°37′ | 30°26′ | 30°21′ | 32°2′ | 30°42′ | 30°17′ |
| 经度 | 114°8′ | 114°54′ | 112°9′ | 112°10′ | 111°18′ | 109°28′ |
| 平均气温（℃） | 27.1 | 26.8 | 26.5 | 26.1 | 26.4 | 25.1 |
| 极端高温 温度（℃） | 37.8 | 37.9 | 38.6 | 38 | 39.2 | 38.6 |
| 极端高温 出现日期 | 1961-6-23 | 1958-6-30 | 1961-6-22 | 1960-6-21 | 1994-6-29 | 2004-6-30 |
| 极端低温 温度（℃） | 16.3 | 17.1 | 16.5 | 16.5 | 16.3 | 13.6 |
| 极端低温 出现日期 | 1970-6-22 | 1982-6-22 | 1992-6-23 | 1989-6-23 | 2016-6-25 | 1992-6-23 |
| 旬日照（小时） | 55.1 | 55.7 | 51.1 | 56.1 | 44 | 43.6 |
| 降水量（毫米） | 93.4 | 97.5 | 58.1 | 31.9 | 52.3 | 76 |

## 农时节气　夏至

每年阳历的 6 月 21—22 日，太阳到达黄经 90°时为"夏至"节气。一年之中，夏至日太阳直射地面的位置到达一年的最北端，几乎直射北回归线，北半球的白天达到最长，且越往北越长。夏至以后，阳光直射地面的位置逐渐南移，北半球白天日渐缩短。

此时，长江中下游地区在正常年份，正处于梅雨期，为农作物创造了一个水热同季的有利环境。从农作物生长发育看，早稻进入抽穗扬花灌浆期，中稻分蘖盛期，晚稻播种育秧期，春玉米抽雄吐丝授粉期，棉花现雷开花期，春生生开花下针期，同时也是进入"梅雨"期，常会出现暴雨、大风、冰雹，以及高温、干旱灾害性天气。要时刻关注天气变化情况，立足抗灾抓好农作物田间管理。

你知道夏九九吗？

夏九九是从夏至日起，天气真正热起来。有首《夏至九九歌》：夏至入头九，羽扇握在手；二九一十八，脱冠着罗纱；三九二十七，出门汗欲滴；四九三十六，浑身汗湿透；五九四十五，炎秋似老虎;六九五十四,乘凉进庙祠;七九六十三,床头摸被单;八九七十二,半夜寻被遮;九九八十一,开柜拿棉衣。

玉米大斑病

玉米小斑病

玉米灰斑病

南方锈病

玉米纹枯病

顶腐病

青枯型茎腐病

玉米瘤黑粉病

穗腐病

细菌性茎基腐

病毒病致空秆

玉米主要病害识别

## 农业科技

**表 3-6　早稻、中稻、晚稻的区别**

| 类型 | 感光性不同 | 感温性不同 | 栽培时间不同 | 生育期不同 |
|------|-----------|-----------|-------------|-----------|
| 早稻 | 感光性迟钝或无感 | 感温性强 | 春种夏收 | 90～120 天 |
| 中稻 | 感光性较弱 | 感温性中等 | 夏种早秋收 | 120～150 天 |
| 晚稻 | 感光性强 | 感温性弱 | 夏种晚秋收 | 150～170 天 |

## 瞭望台

**表 3-7　全国早稻主产省早稻生产情况**

| 地区 | 2000 年 | | | 2019 年 | | |
|------|---------|---------|---------|---------|---------|---------|
| | 面积(万亩) | 总产量(万吨) | 单产(千克/亩) | 面积(万亩) | 总产量(万吨) | 单产(千克/亩) |
| 全国 | 10229.6 | 3752.0 | 367 | 6675.0 | 2626.5 | 393 |
| 浙江 | 687.3 | 250.9 | 365 | 148.2 | 60.3 | 407 |
| 安徽 | 544.4 | 153.1 | 281 | 246.9 | 101.0 | 409 |
| 福建 | 621.5 | 206.6 | 332 | 146.1 | 61.6 | 422 |
| 江西 | 1759.5 | 590.7 | 336 | 1643.9 | 626.3 | 381 |
| 湖北 | 590.3 | 217.5 | 368 | 213.8 | 84.3 | 394 |
| 湖南 | 2273.7 | 877.6 | 386 | 1641.9 | 661.4 | 403 |
| 广东 | 1785.3 | 707.0 | 396 | 1252.1 | 488.3 | 390 |
| 广西 | 1617.2 | 632.4 | 391 | 1151.9 | 452.6 | 393 |
| 海南 | 248.4 | 75.4 | 304 | 171.6 | 69.2 | 403 |
| 云南 | 91.4 | 36.5 | 400 | 59.0 | 21.7 | 368 |

资料来源:2000 年中国农业统计资料,2020 年中国农村统计年鉴。

## 二、7月农作物生育进程与气象条件

**7月 上旬**

### 生育进程

| | | |
|---|---|---|
| **早稻**：中迟熟品种灌浆期 | **再生稻**：头季孕穗至始穗期 | **山区中稻**：拔节期 |
| **沿江平原中稻**：有效分蘖末期 | **沿江平原直播中稻**：分蘖期 | **双季晚稻**：秧苗期 |
| **春玉米**：丘陵平原玉米灌浆期；二高山玉米抽雄吐丝期 | | **夏玉米**：苗期 |
| **夏大豆**：分枝期 | **马铃薯**：高山春播马铃薯开花期 | **棉花**：蕾花期 |
| **西瓜、甜瓜**：露地有籽西瓜成熟 | **春播花生**：饱果成熟期 | **秋芝麻**：播种期 |
| **葡萄**：着色期 | **梨**：果实成熟期 | |
| **柑橘**：定果期 | **桃**：新梢生长期，花芽分化期，晚熟桃成熟期 | |

### 旬气象条件

| 气象站点 | | 武汉 | 黄冈 | 荆州 | 襄阳 | 宜昌 | 恩施 |
|---|---|---|---|---|---|---|---|
| 纬度 | | 30°37′ | 30°26′ | 30°21′ | 32°2′ | 30°42′ | 30°17′ |
| 经度 | | 114°8′ | 114°54′ | 112°9′ | 112°10′ | 111°18′ | 109°28′ |
| 平均气温(℃) | | 28.4 | 28.3 | 27.3 | 26.8 | 27.1 | 25.8 |
| 极端高温 | 温度(℃) | 38 | 38.9 | 37.8 | 39 | 40.1 | 40.4 |
| | 出现日期 | 1994-7-3 | 1978-7-9 | 1994-7-3 | 1964-7-9 | 2010-7-1 | 1952-7-4 |
| 极端低温 | 温度(℃) | 17.3 | 19.2 | 18 | 17.3 | 17.4 | 17.7 |
| | 出现日期 | 1967-7-6 | 1967-7-5 | 1968-7-5 | 2015-7-7 | 2015-7-7 | 1966-7-8 |
| 旬日照(小时) | | 62.6 | 63.9 | 55.6 | 55.2 | 43.4 | 37.1 |
| 降水量(毫米) | | 92.9 | 96.1 | 63.5 | 57.5 | 80.4 | 98.9 |

### 农时节气　小暑

每年阳历的 7 月 6—8 日，太阳到达黄经 105°时为"小暑"节气。小暑是一个反映气温变化的节气，"暑"是炎热，"小"是炎热的程度，"小暑"是说炎热的夏天到了，但还没有到最热的时候。

在田农作物，都进入生长发育最为旺盛的时期。早稻处于灌浆成熟期，田间湿润管水；中稻进入孕穗期，因苗追施攻穗肥；一季晚稻正在分蘖，及时追好分蘖肥；双季晚稻于移栽前 5～7 天，施足"送嫁肥"，防治病虫害；旱地作物要及时搞好排涝防渍、抗旱防高温、防治病虫草害。

### 防灾减灾

早稻翻秋抗灾生产技术：湖北双季稻地区，常年 6 月下旬至 7 月上旬多发生洪涝灾害，对大田作物造成危害；因涝严重减产或绝收的田块，需启动抗灾恢复生产工作。恢复生产可选用适宜的早稻品种翻秋种植,抢住季节,获得产量,弥补受灾损失。

早稻品种翻秋生产技术要点:①及时退水尽早播种。雨后及时抢排渍水,依据淹水时间和受灾实际情况,能救则救,否则立刻采取抗灾翻耕整田播种,多数早稻品种翻秋直播生产的最迟播种期为 7 月 25 日前,越早播产量越高。②依据播期选品种。湖北省现代农业展示中心和湖北省种子管理局经过多年的试验,滚动筛选出了一批适宜早翻秋抗灾直播的品种,并探索出了部分品种的播种下限期(表 3-8),仅供参考。③轻简栽培求稳产。采取直播种植,亩用种量杂交稻种 3.5 千克,亩保基本苗 9.0 万苗

**表 3-8　适宜早翻秋抗灾主要直播品种**

| 品种名称 | 翻秋播种期 |
|---|---|
| 常规稻品种:中嘉早 17、中早 39、鄂早 19;杂交稻品种:金优 402、荆楚优 402 | 7/20 日以前 |
| 杂交稻品种:两优 287、两优 76、两优 1 号、两优 6 号、两优 27、陆两优 17、H 两优 30、W 两优 3418、中 9 优 547 | 7/25 日以前 |
| 常规稻品种:嘉育 948;杂交稻品种:两优 302、两优 358、两优 9168 | 7 月底以前 |

左右,常规稻种 5 千克,亩保基本苗 12.0 万苗左右;其他栽培管理参见直播稻。

 瞭望台

**表 3-9　全国中稻主产省中稻生产情况(含一季晚稻)**

| 地区 | 2000 年 | | | 2019 年 | | |
|---|---|---|---|---|---|---|
| | 面积(万亩) | 总产量(万吨) | 单产(千克/亩) | 面积(万亩) | 总产量(万吨) | 单产(千克/亩) |
| 全国 | 23359.4 | 10906.5 | 467 | 30404.1 | 15326.1 | 504 |
| 内蒙古 | 177.6 | 72.2 | 407 | 241.1 | 136.2 | 565 |
| 辽宁 | 734.6 | 377.1 | 513 | 760.7 | 434.8 | 572 |
| 吉林 | 877.2 | 374.8 | 427 | 1260.6 | 657.2 | 521 |
| 黑龙江 | 2408.9 | 1042.2 | 433 | 5718.9 | 2663.5 | 466 |
| 江苏 | 3289.7 | 1794.3 | 545 | 3276.5 | 1959.6 | 598 |
| 浙江 | 855.5 | 400.9 | 469 | 638.6 | 337.6 | 529 |
| 安徽 | 2263.1 | 901.1 | 398 | 3252.8 | 1438.7 | 442 |
| 福建 | 590.4 | 222.0 | 376 | 385.1 | 169.4 | 440 |
| 江西 | 469.1 | 200.6 | 428 | 1561.4 | 686.9 | 440 |
| 山东 | 265.2 | 110.8 | 418 | 173.4 | 100.7 | 581 |
| 河南 | 689.4 | 318.8 | 462 | 924.9 | 512.5 | 554 |
| 湖北 | 1646.4 | 972.0 | 590 | 2965.5 | 1678.1 | 566 |
| 湖南 | 948.2 | 436.1 | 460 | 2403.2 | 1206.8 | 502 |
| 重庆 | 1160.1 | 531.2 | 458 | 982.7 | 487.0 | 496 |
| 四川 | 3173.9 | 1629.7 | 513 | 2805.0 | 1469.8 | 524 |
| 贵州 | 1123.7 | 476.8 | 411 | 997.1 | 423.8 | 425 |
| 云南 | 1449.5 | 516.2 | 356 | 1158.9 | 498.0 | 430 |

资料来源:2000 年中国农业统计资料,2020 年中国农村统计年鉴。

# 7月 中旬

## 生育进程

| | | |
|---|---|---|
| **早稻：** 灌浆至成熟期 | **再生稻：** 头季抽穗期 | **中稻：** 拔节期 |
| **直播中稻：** 有效分蘖末期 | **双季晚稻：** 秧苗期 | **马铃薯：** 高山春播马铃薯开花期 |
| **春玉米：** 丘陵平原玉米灌浆期，二高山玉米开花授粉期 | | **夏玉米：** 拔节期 |
| **夏大豆：** 分枝期至开花期 | **秋玉米：** 播种期 | **棉花：** 移栽棉盛花期、直播棉蕾期 |
| **西瓜、甜瓜：** 露地无籽西瓜成熟 | **花生：** 春播花生饱果成熟期 | **梨：** 果实成熟期 |
| **葡萄：** 果实成熟期 | **桃：** 晚熟桃成熟期，新梢生长期、花芽分化期 | **夏播蔬菜：** 播种育苗 |

## 旬气象条件

| 旬气象参数 | 气象站点 | | 武汉 | 黄冈 | 荆州 | 襄阳 | 宜昌 | 恩施 |
|---|---|---|---|---|---|---|---|---|
| | 纬度 | | 30°37′ | 30°26′ | 30°21′ | 32°2′ | 30°42′ | 30°17′ |
| | 经度 | | 114°8′ | 114°54′ | 112°9′ | 112°10′ | 111°18′ | 109°28′ |
| | 平均气温(℃) | | 29.4 | 29.4 | 28.3 | 27.5 | 28 | 26.8 |
| | 极端高温 | 温度(℃) | 39.3 | 39.2 | 38.7 | 39.6 | 40.7 | 40 |
| | | 出现日期 | 2000-7-16 | 1988-7-19 | 2009-7-18 | 1961-7-20 | 1964-7-13 | 1952-7-20 |
| | 极端低温 | 温度(℃) | 20 | 20.7 | 19.8 | 17.2 | 20 | 17.5 |
| | | 出现日期 | 1951-7-17 | 1969-7-16 | 1968-7-18 | 1983-7-16 | 1968-7-18 | 1983-7-15 |
| | 旬日照(小时) | | 71.1 | 72 | 62.7 | 58.2 | 50.5 | 55.9 |
| | 降水量(毫米) | | 74.6 | 65 | 56 | 38.2 | 59.2 | 89.2 |

## 农业科技

水稻因苗晒田：水稻秧苗自第四片叶抽出之后到拔节或幼穗开始分化的后一段时期为分蘖期。移栽稻在秧田发生分蘖的一段时期叫秧田分蘖期，移栽到大田返青后生长分蘖的一段时期叫大田分蘖期。在自然条件下，返青后分蘖不断发生，至拔节时分蘖停止，此时分蘖数达到高峰。分蘖在拔节后向两极分化，一部分发生较早长出3片以上叶片的分蘖，具有较多的自身根系，通常能生长发育至抽穗结实，称为有效分蘖；而发生较迟的分蘖则可能逐渐停止生长枯死，称为无效分蘖。无效分蘖过多既消耗营养，又会造成中后期植株基部荫蔽，滋生病虫，产量下降。所以在水稻高产或健身栽培管理上强调因苗及时晒田控苗。

直播稻秧苗浅水勤灌促蘖

机插秧轻晒田

晒田掌握"苗到不等时,时到不等苗"的原则,因苗晒田。一般人工栽插的秧苗在移栽后 20 天左右排水晒田;机插秧移栽后 25 天左右开始晒田,因机插秧苗秧龄短、苗体小、分蘖快、够苗早,小分蘖对土壤水分敏感,晒田过早过重会导致有效分蘖死亡,且分蘖盛期分蘖来势猛,所以应排水轻晒,每次晒至田泥收紧不裂缝,断水 3～4 次,一直延续到倒三叶伸出前后;直播稻 6 叶期以后开始间歇断水,于播种后 50 天左右,每株带 4～5 个大蘖(3 片叶以上)时排水重晒,晒到田炸裂、白根现、人走田间不陷脚为度。

人工栽插叶色浓重晒

表 3-10　大豆生长发育对生态环境条件的基本要求

| 生育阶段 | | 最低 | 最适 | 最高 | 对温度敏感性 |
|---|---|---|---|---|---|
| 温度 | 种子发芽 | 6～7℃ | 20～25℃ | 40℃ | |
| | 出苗 | 8～10℃ | 20～21℃ | 35℃ | 低于 9℃不能出苗 |
| | 花芽分化期 | 10℃ | 21～23℃ | 30℃ | |
| | 开花期 | 15℃ | 22～25℃ | 30℃ | 低于 13℃停止开花 |
| | 结荚鼓粒期 | | 21～23℃ | | |
| | 成熟期 | | 19～20℃ | | |
| 水分 | 大豆是需水较多的作物,每生产 1 千克大豆需耗水 1 吨左右 | | | | 占总耗水量百分比 |
| | 播种出苗期 | 田间土壤最适的持水量为 60%～65% | | | 5% |
| | 分枝期 | 田间土壤最适的持水量为 65%～70% | | | 17% |
| | 开花结荚期 | 田间土壤最适的持水量为 70%～80% | | | 45% |
| | 鼓粒期 | 田间土壤最适的持水量为 70%～75% | | | 24% |

 瞭望台 ……………………………………………………………………………………………

表 3-11　全国大豆主产省大豆生产情况

| 地区 | 2000 年 | | | 2019 年 | | |
|---|---|---|---|---|---|---|
| | 面积(万亩) | 总产量(万吨) | 单产(千克/亩) | 面积(万亩) | 总产量(万吨) | 单产(千克/亩) |
| 全国 | 13961 | 1541 | 110 | 13998 | 1809 | 129 |
| 内蒙古 | 1191 | 86 | 72 | 1785 | 226 | 127 |
| 吉林 | 809 | 120 | 149 | 518 | 70 | 136 |
| 黑龙江 | 4302 | 450 | 105 | 6420 | 781 | 122 |
| 江苏 | 374 | 67 | 179 | 288 | 51 | 178 |
| 安徽 | 1023 | 92 | 89 | 954 | 96 | 100 |
| 山东 | 687 | 105 | 152 | 276 | 52 | 190 |
| 河南 | 848 | 116 | 137 | 593 | 98 | 166 |
| 湖北 | 338 | 46 | 136 | 318 | 35 | 109 |
| 四川 | 255 | 37 | 147 | 603 | 95 | 157 |
| 贵州 | 212 | 18 | 86 | 288 | 19 | 64 |
| 云南 | 78 | 8 | 99 | 278 | 46 | 166 |
| 陕西 | 371 | 22 | 60 | 227 | 23 | 103 |

资料来源:2000 年中国农业统计资料,2020 年中国农村统计年鉴。

# 7月 下旬

## 生育进程

| | |
|---|---|
| 再生稻：头季结实期　移栽中稻：拔节期 | 沿江平原直播中稻：拔节期　双季晚稻：移栽期 |

再生稻：头季结实期　　移栽中稻：拔节期　　沿江平原直播中稻：拔节期　　双季晚稻：移栽期

春玉米：灌浆期　　夏玉米：拔节期　　夏大豆：开花结荚期　　秋玉米：播种期

棉花：结铃期　　夏播蔬菜：播种育苗期　　马铃薯：高山春播马铃薯成熟期

梨：果实成熟期　　葡萄：果实成熟期　　桃：晚熟桃成熟，花芽分化期

## 旬气象条件

| | 气象站点 | 武汉 | 黄冈 | 荆州 | 襄阳 | 宜昌 | 恩施 |
|---|---|---|---|---|---|---|---|
| 旬气象参数 | 纬度 | 30°37′ | 30°26′ | 30°21′ | 32°2′ | 30°42′ | 30°17′ |
| | 经度 | 114°8′ | 114°54′ | 112°9′ | 112°10′ | 111°18′ | 109°28′ |
| | 平均气温（℃） | 29.7 | 29.8 | 28.6 | 27.9 | 28.1 | 27.1 |
| 极端高温 温度（℃） | | 39.7 | 40.3 | 38.3 | 41.1 | 40.4 | 40.3 |
| 极端高温 出现日期 | | 2017-7-27 | 1961-7-23 | 1961-7-23 | 1961-7-23 | 1971-7-26 | 1971-7-21 |
| 极端低温 温度（℃） | | 17.8 | 19 | 19.4 | 18 | 18.8 | 15.7 |
| 极端低温 出现日期 | | 1972-7-25 | 1989-7-30 | 1993-7-23 | 1989-7-31 | 1989-7-30 | 1989-7-30 |
| | 旬日照（小时） | 87.5 | 88.9 | 78.4 | 69.2 | 65.1 | 70.3 |
| | 降水量（毫米） | 53.7 | 50.9 | 55.7 | 46.6 | 86.4 | 71 |

## 农时节气　大暑

　　每年的 7 月 22—24 日，太阳到达黄经 120°时为"大暑"节气。大暑时至三伏天气的中伏，是一年之中天气最热的阶段。

　　"稻在田里热了笑，人在屋里热了跳"。炎热对人的身体会造成不适，但却有利于农作物的生长。像中稻、一季晚稻、夏玉米、夏大豆、甘薯、棉花、花生、芝麻等，在雨热同季的气候条件下，生长发育最为旺盛。但是，此时气候变化最为剧烈，程度不同的暴雨、洪涝、冰雹、干旱等会相继出现，造成或大或小的危害。因此，要加强对作物进行田间管理，培育壮苗。

## 农业科技

　　秋播玉米品种选用及播期下限：秋播粒用玉米的安全播期下限在 7 月 25 日，宜选用早熟、抗病性好、后期脱水快的玉米品种，如郑单 958、正大 12、浚单 509、汉单 777 等（表 3-12）；鲜食甜玉米、糯玉米及青贮玉米的安全播期下限在 8 月 10 日左右，宜选用生育

秋玉米不同播期的成熟度

期适中、品质优良、耐高温性和抗病性强的品种。

**表 3-12　2016 年秋播玉米播期试验结果表**

| 品种名称 | 播期月/日 | 抽雄期月/日 | 成熟期月/日 | 株高（厘米） | 穗位（厘米） | 穗长（厘米） | 穗行（行） | 行粒（粒） | 千粒重（克） | 产量（千克/亩） |
|---|---|---|---|---|---|---|---|---|---|---|
| 汉单777 | 7/20 | 9/10 | 11/11 | 239 | 83 | 15.8 | 16.8 | 30.6 | 251.4 | 558.3 |
| | 7/25 | 9/13 | 11/14 | 225 | 92 | 16.4 | 17.0 | 31.1 | 231.3 | 525.1 |
| | 7/30 | 9/20 | | 199 | 64 | 15.6 | 16.2 | 29.6 | 200.0 | 358.7 |
| 登海618 | 7/20 | 9/5 | 11/2 | 197 | 48 | 14.2 | 12.2 | 28.8 | 335.0 | 494.1 |
| | 7/25 | 9/12 | 11/18 | 199 | 54 | 16.1 | 13.2 | 27.8 | 312.0 | 487.2 |
| | 7/30 | 9/15 | 11/16 | 211 | 67 | 16.2 | 12.6 | 29.1 | 284.8 | 444.2 |
| 浚单509 | 7/20 | 9/9 | 11/9 | 222 | 57 | 15.6 | 14.5 | 30.5 | 264.0 | 520.2 |
| | 7/25 | 9/15 | 11/13 | 215 | 80 | 15.5 | 13.8 | 30.7 | 259.8 | 484.2 |
| | 7/30 | 9/18 | | 225 | 92 | 15.4 | 13.8 | 33.7 | 236.9 | 464.7 |

资料来源：湖北省现代农业展示中心。

**表 3-13　全国玉米主产省玉米生产情况**

| 地区 | 2000 年 | | | 2019 年 | | |
|---|---|---|---|---|---|---|
| | 面积（万亩） | 总产量（万吨） | 单产（千克/亩） | 面积（万亩） | 总产量（万吨） | 单产（千克/亩） |
| 全国 | 34584 | 10600 | 307 | 61926 | 26078 | 421 |
| 河北 | 3719 | 995 | 267 | 5112 | 1987 | 389 |
| 山西 | 1191 | 355 | 298 | 2573 | 939 | 365 |
| 内蒙古 | 1947 | 629 | 323 | 5664 | 2722 | 481 |
| 辽宁 | 2135 | 551 | 258 | 4013 | 1884 | 470 |
| 吉林 | 3296 | 993 | 301 | 6330 | 3045 | 481 |
| 黑龙江 | 2702 | 791 | 293 | 8738 | 3940 | 447 |
| 江苏 | 635 | 237 | 373 | 756 | 311 | 411 |
| 安徽 | 729 | 219 | 300 | 1796 | 643 | 358 |
| 山东 | 3621 | 1468 | 405 | 5771 | 2537 | 440 |
| 河南 | 3302 | 1075 | 326 | 5702 | 2247 | 394 |
| 湖北 | 636 | 217 | 341 | 1092 | 307 | 282 |
| 湖南 | 419 | 125 | 299 | 581 | 220 | 380 |
| 广西 | 917 | 184 | 201 | 870 | 261 | 300 |
| 重庆 | 752 | 198 | 263 | 657 | 250 | 380 |
| 四川 | 1854 | 547 | 295 | 2766 | 1062 | 384 |
| 贵州 | 1091 | 342 | 314 | 797 | 232 | 292 |
| 云南 | 1695 | 473 | 279 | 2673 | 920 | 344 |
| 陕西 | 1586 | 414 | 261 | 1766 | 610 | 345 |
| 甘肃 | 696 | 211 | 302 | 1482 | 594 | 401 |
| 新疆 | 573 | 269 | 468 | 1496 | 858 | 574 |

资料来源：2000 年中国农业统计资料，2020 年中国农村统计年鉴。

### 三、8月农作物生育进程与气象条件

**8**月
**上旬**

#### 生育进程

**再生稻：**头季成熟期　　　　**移栽中稻：**孕穗至始穗期　　　　**沿江平原直播中稻：**拔节孕穗期

**双季晚稻：**返青分蘖期　　　　**春玉米：**平原丘陵玉米成熟期；二高山玉米灌浆期

**夏玉米：**抽雄、吐丝期　　　　**夏大豆：**开花结荚期　　　　**秋玉米：**播种至苗期

**棉花：**结铃与吐絮期　　　　**梨：**果实成熟期　　　　**葡萄：**果实及新蔓成熟期

**桃：**晚熟桃成熟期，花芽分化期、新梢停长期　　　　**柑橘：**果实膨大期

#### 旬气象条件

| 气象站点 | | 武汉 | 黄冈 | 荆州 | 襄阳 | 宜昌 | 恩施 |
|---|---|---|---|---|---|---|---|
| 纬度 | | 30°37′ | 30°26′ | 30°21′ | 32°2′ | 30°42′ | 30°17′ |
| 经度 | | 114°8′ | 114°54′ | 112°9′ | 112°10′ | 111°18′ | 109°28′ |
| 平均气温(℃) | | 29.8 | 29.8 | 28.9 | 28.1 | 28.4 | 27.5 |
| 极端高温 | 温度(℃) | 39.6 | 40 | 38.7 | 40.3 | 41.4 | 39 |
| | 出现日期 | 2003-8-1 | 2003-8-1 | 2003-8-2 | 1969-8-2 | 1969-8-2 | 1959-8-1 |
| 极端低温 | 温度(℃) | 18.5 | 19.8 | 19.4 | 18.1 | 19.5 | 18 |
| | 出现日期 | 1986-8-6 | 2001-8-10 | 1957-8-2 | 2014-8-9 | 2014-8-10 | 2002-8-9 |
| 旬日照(小时) | | 80.1 | 84.3 | 73.3 | 65.3 | 63.6 | 69 |
| 降水量(毫米) | | 37.8 | 42.3 | 38.7 | 58.2 | 64.7 | 41 |

（旬气象参数）

#### 农时节气　立秋

　　每年阳历的8月7—9日，太阳到达黄经135°时为"立秋"节气。立秋是一年中气候的转折点，气温趋于下降或减少。阳气渐收，阴气渐长，由阳盛逐渐转为阴盛的节点。

　　此时还未入秋，依据秋季气象标准，持续5天平均气温降到22℃为入秋。湖北省常年平均入秋时间为9月21日。立秋之后每下一场雨，天气就会变凉快一些。

　　立秋前后，各种农作物生长旺盛，中稻进入开花结实，大豆结荚，春玉米灌浆，甘薯块根膨大，花生结果，棉花结铃，芝麻结蒴，双季晚稻拔节孕穗期等，是吸收水肥的高峰期。也是高温干旱，以及病虫害高发期，要坚持搞好抗灾田管。

　　秋老虎：一般正常情况下，立秋节后，平均气温普遍下降1.5℃，截断了暑期气温继续攀升居高不下的趋势。然而，气候的变化也有异常的时候，有些年份虽然立了秋，人们仍感觉天气闷热，汗流不止，这种天气就是俗称的"秋老虎"。

## 农业科技

表 3-14 花生生长发育对生态环境条件的基本要求

| | 生育阶段 | 最低 | 最适 | 最高 | 对温度敏感性 |
|---|---|---|---|---|---|
| 温度 | 种子发芽 | 12～15℃ | 25～37℃ | 40℃ | |
| | 幼苗期 | 10℃ | 20～22℃ | 35℃ | 不耐4℃低温 |
| | 花针期 | 20℃ | 25～28℃ | 30℃ | 低于18℃,高于35℃不能正常受精 |
| | 结荚期 | 20℃ | 25～33℃ | 40℃ | |
| | 饱果期 | 20℃ | 25～30℃ | | 低于20℃茎枝枯衰 |
| 水分 | 种子发芽出苗 | 土壤水分为田间最大持水量的60%左右,高于70%、低于40%不能正常出苗 | | | |
| | 幼苗期 | 土壤水分为田间最大持水量的45%～55% | | | |
| | 花针期 | 土壤水分为田间最大持水量的60%～70%,低于40%灌溉 | | | |
| | 结荚期 | 土壤水分为田间最大持水量的60%～75%,高于80%排渍 | | | |
| | 饱果期 | 土壤水分为田间最大持水量的40%～50% | | | |

## 防灾减灾

水稻高温热害:常年7月中下旬至8月上中旬,中稻抽穗扬花、灌浆结实期,气温超过水稻正常生育温度上限,影响正常开花结实,造成空秕粒率上升而减产甚至绝收的一种农业气象灾害。典型症状为上部3片功能叶发黄早衰。孕穗期遇35℃以上持续高温则花器发育不全,花粉发育不良,活力下降;盛花期更敏感,粳稻遇35℃,籼稻遇37℃高温时,花粉粒破裂失去授粉受精能力造成空粒;灌浆结实期遇高温热害则缩短灌浆时间,秕粒率增加,千粒重下降致减产,且品质变劣。日平均气温

水稻高温热害致结实率低

30℃或日最高气温35℃连续3～5天为轻度高温热害,6～9天为中度高温热害,9天以上为重度高温热害。

防御措施:①灌深水降温。②根外喷肥。③加强田间管理。

表 3-15 全国花生主产省花生生产情况

| 地区 | 2000 年 | | | 2019 年 | | |
|---|---|---|---|---|---|---|
| | 面积(万亩) | 总产量(万吨) | 单产(千克/亩) | 面积(万亩) | 总产量(万吨) | 单产(千克/亩) |
| 全国 | 7283 | 4444 | 198 | 6951 | 1752 | 252 |
| 河北 | 695 | 133 | 191 | 375 | 95 | 257 |
| 辽宁 | 215 | 26 | 120 | 434 | 96 | 222 |
| 吉林 | 81 | 13 | 161 | 351 | 77 | 219 |
| 江苏 | 342 | 80 | 233 | 156 | 43 | 275 |
| 安徽 | 501 | 111 | 222 | 213 | 71 | 331 |
| 江西 | 270 | 40 | 150 | 248 | 48 | 195 |
| 山东 | 1386 | 350 | 253 | 1001 | 285 | 285 |
| 河南 | 1478 | 336 | 227 | 1835 | 577 | 314 |
| 湖北 | 290 | 66 | 226 | 366 | 86 | 235 |
| 湖南 | 213 | 29 | 137 | 167 | 29 | 176 |
| 广东 | 497 | 78 | 156 | 512 | 109 | 213 |
| 广西 | 362 | 50 | 137 | 329 | 67 | 205 |
| 四川 | 360 | 54 | 151 | 398 | 68 | 172 |

资料来源:2000年中国农业统计资料,2020年中国农村统计年鉴。

**8月 中旬**

## 生育进程

| | | |
|---|---|---|
| 再生稻：头季成熟收获期 | 移栽中稻：齐穗期 | 沿江平原直播中稻：抽穗期 |
| 双季晚稻：分蘖期 | 春玉米：二高山玉米灌浆期 | 夏玉米：籽粒形成期 |
| 夏大豆：荚粒期 | 秋玉米：拔节期 | 秋播马铃薯：备耕期 |
| 棉花：结铃吐絮期 | 夏播蔬菜：播种、育苗期 | 梨：果实成熟期 |
| 桃：花芽分化期、新梢停长期 | | 葡萄：枝蔓成熟期（至9月下旬） |

## 旬气象条件

| 气象站点 | | 武汉 | 黄冈 | 荆州 | 襄阳 | 宜昌 | 恩施 |
|---|---|---|---|---|---|---|---|
| 纬度 | | 30°37′ | 30°26′ | 30°21′ | 32°2′ | 30°42′ | 30°17′ |
| 经度 | | 114°8′ | 114°54′ | 112°9′ | 112°10′ | 111°18′ | 109°28′ |
| 平均气温（℃） | | 28.3 | 28.5 | 27.5 | 26.6 | 27.2 | 26.6 |
| 极端高温 | 温度（℃） | 39.5 | 39.4 | 38.1 | 40.1 | 40.5 | 39 |
| | 出现日期 | 2013-8-11 | 1967-8-11 | 2013-8-11 | 1959-8-20 | 1959-8-20 | 1953-8-17 |
| 极端低温 | 温度（℃） | 18.2 | 19.6 | 16.9 | 15.2 | 17.2 | 16.2 |
| | 出现日期 | 1984-8-17 | 1984-8-16 | 1958-8-15 | 2005-8-20 | 1958-8-14 | 1965-8-20 |
| 旬日照（小时） | | 70.1 | 75.1 | 62.8 | 57.8 | 55.5 | 64.3 |
| 降水量（毫米） | | 38.7 | 45 | 37.2 | 45.9 | 68.8 | 60.7 |

（左侧竖排：旬气象参数）

## 农业科技

表 3-16　棉花生长发育对生态环境条件的基本要求

| 生育阶段 | | 最低 | 最适 | 最高 | 对温度敏感性 |
|---|---|---|---|---|---|
| 温度 | 种子发芽 | 10～12℃ | 28～30℃ | 40～45℃ | |
| | 苗期 | 14～17℃ | 20～30℃ | 36℃ | |
| | 现蕾期 | 19～20℃ | 25～30℃ | 35～40℃ | |
| | 花铃期 | 16～20℃ | 20～30℃ | 36℃ | |
| | 吐絮期 | 20℃ | 25～30℃ | 36℃ | |
| 水分 | | 土壤水分为田间最大持水量 | | | 含水量下限 |
| | 播种至出苗 | 70％以上 | | | |
| | 出苗至现蕾 | 55％～70％ | | | 50％～55％ |
| | 现蕾至开花 | 60％～70％ | | | 55％ |
| | 开花至结铃 | 70％～80％ | | | 55％ |
| | 吐絮期 | 55％～70％ | | | 50％ |

**防灾减灾**

棉花防早衰技术

（1）合理轮作。棉花多年连作，造成结构性营养元素缺乏，积累大量病菌，棉花病害发生严重，进而导致早衰。连作时间越长，棉田早衰越严重，影响棉花的优质、高产。轮作倒茬是减少土壤病菌最有效的方法。实践证明，小麦、玉米、高粱等禾本科作物不受棉花枯黄萎病菌的侵染，与这些作物轮作是防止棉花病害的有效措施。

（2）选择适宜品种。品种是产量的一个基础性因素，是内在因素的最直接体现。每个品种都有其生理特性和生态适应性，不能盲目引种。要因地制宜地选择抗病性、结铃性强，早发不早衰，生育期在130天左右的丰产品种。也可通过对周围所种品种进行观摩，以选择适合当地种植且不易早衰的品种。

（3）适时播种。播种期要根据当年当地的气候、天气情况及品种生育期的长短、水肥条件等综合因素确定。适播期以5厘米深地温稳定通过15℃为宜，一般4月15—30日是适宜的播种期。

（4）科学施肥。棉花生长需要从土壤中吸收大量的氮、磷、钾、锰、钼、锌、钙等多种营养元素。大量施用化肥，忽视施用有机肥，造成土壤板结，通透性差，有机质含量低，土壤保肥保水能力差。重施氮肥，轻施磷肥和钾肥，使土壤营养元素不平衡，后劲不足，引起早衰。因此，要增施有机肥（一般应占总施肥量的60％以上）。合理施用化肥，注意补施锌、硼等微肥。在施足基肥的基础上，根据棉花不同生育时期的需肥特点，掌握"轻施苗肥，稳施蕾肥，重施花铃肥，补施盖顶肥，适时喷施叶面肥"的原则。

（5）合理化控。植物生长调节剂的合理使用可以节省人力并可增产，若使用不合理，尤其是使用时间和使用量不当也会造成棉花的早衰。在棉花生长前期不控或者不及时化控，棉株旺长，田间过于荫蔽，下部的叶片受光少且通风不良，光合作用不充分，导致营养不良且下部烂铃增多，蕾铃脱落严重而早衰。后期用量偏大，造成生长迟滞，影响产量。合理的化控可预防早衰、增加产量。化控应按照"少量多次、控旺促弱"的原则对棉花进行调控，合理使用缩节胺控制赘芽、果节和群尖的生长，均衡营养生长和生殖生长、棉株地上部和地下根系的生长。

（6）加强病虫害综合防治。病虫害防治要采取"预防为主，综合防治"的方针，采用农艺措施和药剂防治相结合的综合防治方法。另外，要注意药剂的交替或复配使用，以降低害虫的抗药性。

表 3-17　全国棉花主产省棉花生产情况

| 地区 | 2000 年 | | | 2019 年 | | |
|---|---|---|---|---|---|---|
| | 面积（万亩） | 总产量（万吨） | 单产（千克/亩） | 面积（万亩） | 总产量（万吨） | 单产（千克/亩） |
| 全国 | 6062 | 442 | 73 | 5009 | 589 | 118 |
| 河北 | 461 | 30 | 65 | 306 | 23 | 74 |
| 安徽 | 462 | 27 | 59 | 90 | 6 | 61 |
| 山东 | 854 | 59 | 69 | 254 | 20 | 77 |
| 河南 | 1169 | 70 | 60 | 51 | 3 | 53 |
| 湖北 | 477 | 30 | 64 | 245 | 14 | 59 |
| 湖南 | 219 | 16 | 72 | 95 | 8 | 87 |
| 新疆 | 1518 | 146 | 96 | 3812 | 500 | 131 |

资料来源：2000年中国农业统计资料，2020年中国农村统计年鉴。

# 8月 下旬

## 生育进程

| | | |
|---|---|---|
| **再生稻**:再生季芽苗期 | **中稻**:灌浆结实期 | **双季晚稻**:拔节期 |
| **春玉米**:二高山玉米成熟收获期 | **夏玉米**:灌浆期 | **夏大豆**:荚粒期 |
| **棉花**:盛铃至始絮期 | **秋玉米**:拔节期 | **秋播马铃薯**:备耕期 |
| **夏播蔬菜**:育苗、移栽期 | **梨**:果实成熟期 | **葡萄**:枝蔓成熟期 |
| **桃**:花芽分化期、新梢停长期 | | |

## 旬气象条件

| | 气象站点 | 武汉 | 黄冈 | 荆州 | 襄阳 | 宜昌 | 恩施 |
|---|---|---|---|---|---|---|---|
| 旬气象参数 | 纬度 | 30°37′ | 30°26′ | 30°21′ | 32°2′ | 30°42′ | 30°17′ |
| | 经度 | 114°8′ | 114°54′ | 112°9′ | 112°10′ | 111°18′ | 109°28′ |
| | 平均气温(℃) | 27.3 | 27.6 | 26.6 | 25.7 | 26.4 | 25.7 |
| 极端高温 温度(℃) | | 39.2 | 40 | 37.7 | 40.7 | 40.6 | 41.2 |
| 极端高温 出现日期 | | 1959-8-22 | 1959-8-21 | 1961-8-23 | 1959-8-21 | 1959-8-22 | 1959-8-22 |
| 极端低温 温度(℃) | | 16.4 | 17 | 15.8 | 14.9 | 17.2 | 16.1 |
| 极端低温 出现日期 | | 2009-8-30 | 2009-8-30 | 2009-8-30 | 2009-8-31 | 2005-8-21 | 2012-8-24 |
| | 旬日照(小时) | 77.1 | 80.6 | 65.5 | 62.6 | 56.9 | 61.1 |
| | 降水量(毫米) | 40.2 | 52.5 | 41.8 | 29.4 | 55.6 | 56.5 |

## 农时节气  处暑

每年阳历的8月22—24日,太阳到达黄经150°时为"处暑"节气。处是终止的意思,处暑表示炎热的夏天即将过去,凉爽的秋天即将到来。处暑开始由热转凉,中午热,早晚凉。这时的气温下降了2～3℃,降雨减少,气候干燥,降雨对气温的影响很大。昼暖夜凉对农作物体内干物质的形成和积累提供了条件。

农谚有:"处暑满地黄,家家修粮仓。"此时正值再生稻芽苗的快速生长,晚稻圆秆,中稻灌浆结实,夏玉米抽雄授粉结实,夏花生开花下针结果,棉花吐絮,决定秋季农作物高产丰收的关键期,坚持搞好因苗田管。

## 农业科技

糯高粱"一种两收"高产栽培技术:①选品种。选用中早熟、分蘖能力和抗倒性强的中大穗型品种,如五粱红1号、川糯粱2号、川糯粱1号、晋糯3号等。②整地施肥。同春播玉米。③播种覆膜。3月底至4月初适时早播,种植密度4000穴(同玉米),每穴留双苗,故每穴播4～5粒种子;适墒覆盖幅宽90厘米的地膜。④接苗定苗。幼苗2叶1心期,选冷尾暖头的晴天下午破膜接苗,随即用细土封盖膜孔;4～5叶期间苗定苗,每穴留2苗,即每亩留苗8000株左右。⑤去蘖追肥。定苗后打洞追施拔节肥,每亩追施尿素10千克,及时掰去分蘖、拔除杂草,缺株的旁边或主茎受伤的可留分蘖成穗;喇叭口期追施穗粒肥,每亩施复合肥($N_{15}P_{15}K_{15}$)10千克,盖肥的同时培土壅苑。⑥防虫治病。苗期、拔节期和灌浆期注意防治高粱螟虫、蚜虫等,喇叭口期,用毒土丢心防治高粱螟,忌用有机磷类农药;后期结合防虫用"井冈霉素"兼治纹枯病。⑦收割留茬。7月下旬,高粱进入腊熟末期,及时收获、割秆留茬,秸秆顺放于垄沟或覆盖厢面,江汉平原及鄂东一带留茬5厘米高(保留两个节),鄂北及鄂西地区可以留高茬,用高位腋芽再生。⑧再生管理。头季收获后,及时拔除杂草、中耕松土,同时追肥,亩施尿素15千克;遇干旱可顺垄沟浇水,促进再生芽苗快发;4～5叶期去蘖留苗,每株留2苗;防虫治病参照春季管理;早霜来临前及时收获。

高粱头季留茬再生

高粱再生季成熟

割秆留低茬(5厘米)

低茬再生割秆1周后

低茬再生割秆两周后

留低茬再生季成熟

表3-18　全国马铃薯主产省马铃薯生产情况

| 地区 | 2000年 | | | 2019年 | | |
|---|---|---|---|---|---|---|
| | 面积(万亩) | 总产量(万吨) | 单产(千克/亩) | 面积(万亩) | 总产量(万吨) | 单产(千克/亩) |
| 全国 | 7085 | 1326 | 187 | 7010 | 1778 | 254 |
| 河北 | 318 | 27 | 86 | 231 | 101 | 438 |
| 山西 | 483 | 70 | 146 | 243 | 53 | 216 |
| 内蒙古 | 969 | 183 | 189 | 446 | 138 | 309 |
| 黑龙江 | 585 | 81 | 138 | 173 | 53 | 306 |
| 湖北 | 347 | 69 | 200 | 356 | 74 | 207 |
| 重庆 | 464 | 83 | 179 | 494 | 118 | 239 |
| 四川 | 456 | 92 | 202 | 1019 | 284 | 279 |
| 贵州 | 717 | 125 | 174 | 1173 | 255 | 217 |
| 云南 | 476 | 107 | 226 | 711 | 156 | 219 |
| 陕西 | 458 | 72 | 158 | 462 | 83 | 179 |
| 甘肃 | 626 | 105 | 168 | 839 | 207 | 247 |
| 宁夏 | 114 | 18 | 154 | 140 | 39 | 284 |

资料来源:2000年中国农业统计资料,2020年中国农村统计年鉴。

# 第四章　秋季农业自然灾害防抗技术

秋季是收获的季节,很多农作物在秋季成熟,硕果累累,田野金黄。秋季气候特点,由热转凉,进入"阳消阴长"过渡阶段,北方冷空气不断侵入,但势力不是很强,形成秋风送凉、炎暑顿消,秋高气爽,月明风清的天气;华西地区常出现绵绵秋雨,阴冷高湿的气候条件,但是有些年份会发生秋旱干燥;进入深秋,昼夜温差大,白天蒸腾的水气会在夜间凝结,形成露或霜。

## 第一节　秋季农业自然灾害种类

秋季是由夏季风向冬季风转变的过渡时期。入秋以后,北方冷空气又开始活跃起来,温度下降迅速。秋季出现的自然气象灾害,主要有寒露风、寒潮、连阴雨、干旱等。

### 一、寒露风

#### (一)寒露风产生与发生频率

1. 寒露风的产生

寒露风是寒露节气前后出现在长江流域及其以南地区的一种气象。长江中下游地区,一般出现在9月中下旬,华南地区发生在10月上旬的寒露节前后,因此统称为寒露风。它是冷空气南下或台风与冷空气共同影响下出现的一种低温、干燥或阴雨、伴有较大北风的天气,对农作物生产危害很大,尤其是双季晚稻和再生稻,进入抽穗扬花期,若遇寒露风天气,就会影响正常抽穗或颖花发育,形成空壳、瘪粒,导致减产;严重时造成稻穗不能抽出、颖花败育绝收。

寒露风监测指标,晚稻抽穗扬花期的9月上旬,连续3天以上日平均气温23℃(籼稻)、22℃(粳稻)以下,造成结实率降低。

2. 寒露风发生频率

湖北省历史上寒露风主要发生在江汉平原及其以东双季稻产区,发生频率是江汉平原大部3年两遇,其他地区约2年一遇,发生严重的典型年有1965年、1967年、1973年、1981年、1982年、1994年、2006年、2011年和2013年,近57年来,寒露风有减少的趋势(图4-1)。

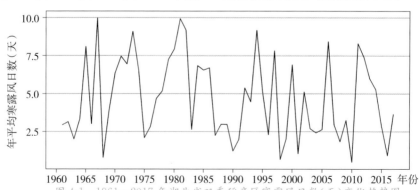

图4-1　1961—2017年湖北省双季稻产区寒露风日数(天)变化趋势图

### (二) 寒露风的危害

寒露风的发生，一般造成双季晚稻、再生稻单产损失 5％～10％为轻度寒露风；单产损失 11％～15％为中度寒露风；单产损失 15％以上为重度寒露风。

例如 2013 年 9 月 2—7 日，湖北省晚稻主产区的江汉平原和鄂东出现了连续 3～6 天寒露风天气，日最低气温出现在 9 月 5 日，达 17℃以下（图 4-2、图 4-3）。

图 4-2  2013 年 9 月上旬各地日平均气温 22℃以下连续天数

图 4-3  2013 年 9 月上旬各地极端日最低气温（℃）

## 二、连阴雨

秋季连阴雨是指在秋季连续≥6 天阴雨，且无日照，其中任意 4 天白天雨量≥0.1 毫米的天气。连阴雨天气出现时，日照少，空气湿度大，而且往往伴随着低温，容易导致农业减产。

### (一) 秋季连阴雨的产生与发生频率

秋季时西太平洋副高南退和东撤，湖北省处于副高北边缘时，由于水汽较为充足，与南下的冷空气对峙,易形成降水。受华西秋雨的影响,湖北省秋季连阴雨过程发生频次,西部明显多于东部,南部多于北部。最多的地区是鄂西南,平均每年发生 2.5～3.2 次;其次是鄂西北平均每年发生 1.9～2.4 次;最少是鄂东北平均每年发生 1.5～2.0 次(图 4-4)。

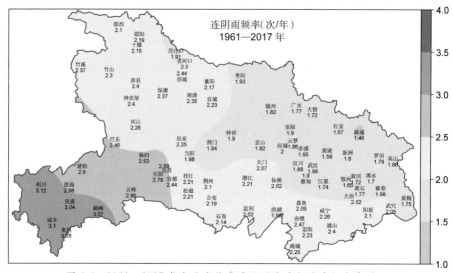

图 4-4 1961—2017 年湖北省秋季连阴雨发生频次空间分布图

**(二) 连阴雨程度评估方法**

分为单站和区域评估,单站一般用连阴雨过程雨量或持续连阴雨日数,对连阴雨过程的强度进行评估,分为 4 种类型,即正常连阴雨持续小于 5 天,轻度 5～6 天,中度 7～10 天,重度大于等于 11 天;区域评估将全省划分为鄂西北、鄂西南、江汉平原、鄂东南、鄂东北 5 个区,同一时期内,某个区域内有 1/3 台站出现连阴雨,记为 1 次该区域连阴雨过程;全省有 1/3 台站出现连阴雨,定义为一次全省性连阴雨过程。湖北省 1961—2017 年秋季连阴雨发生较重的年份有 1961 年、1962 年、1963 年、1964 年、1965 年、1971 年、1974 年、1981 年、1984 年、1985 年、2000 年、2016 年和 2017 年(表 4-1)。

表 4-1 湖北省 1961—2017 年秋季连阴雨典型年份

| 年份 | 发生地区 | 时段、持续时间 |
|---|---|---|
| 1964 | 北部与西部 | 8 月底至 10 月湖北北部和西部持续了两个多月阴雨天气 |
| 1971 | 全省 | 前后两次:9 月 4—16 日,9 月下旬至 10 月初,阴雨期 8～10 天 |
| 1974 | 全省 | 9 月 14—21 日,9 月 29 日—10 月 9 日 |
| 1981 | 全省 | 9—11 月 |
| 1984 | 全省 | 9 月 24 日—10 月 17 日 |
| 1985 | 全省 | 10 月中下旬 |
| 2016 | 全省 | 9 月 22—28 日西部,9 月 28 日—10 月 3 日东部,10 月 10—30 日全省 |
| 2017 | 全省 | 8 月 25 日—9 月 6 日,9 月 23 日—10 月 5 日、10 月 10—19 日 |

湖北省1961—2017年9月下旬至10月上旬,汉江出现强降水过程,造成汉江流域出现秋汛和洪涝灾害(图4-5)。发生一般秋汛的年份有5次,分别是1968年、1970年、1973年、1985年、1996年,发生严重秋汛的年份有11次,分别是1964年、1974年、1975年、1983年、1984年、2000年、2003年、2005年、2011年、2014年、2017年,平均3~4年出现1次。

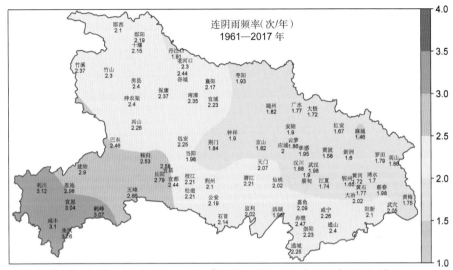

图4-5 1961—2017年湖北省秋季连阴雨发生频次空间分布图(次/年)

### 三、秋旱

秋旱是指每年9—10月,无透墒雨(一次连续下雨的过程雨量小于40毫米)连续大于等于30天;无降雨或大于等于40毫米降水,按各年最大一次连续30~39天为轻旱;40~49天为中等旱;大于等于50天为重旱。出现秋旱的主要原因是少雨,华西秋季没有明显秋雨,而形成秋旱;其次是温度偏高,水分蒸发严重。

秋旱影响夏播作物和部分晚熟春播作物正常灌浆成熟,延误秋播作物适时播种和出苗生长。

湖北省秋季干旱年份有1963年、1966年、1972年、1978年、1991年、1992年、1998年、2001年、2004年、2007年和2009年等。

# 第二节 秋季农业自然灾害防抗技术

## 一、晚秋作物防抗低温灾害

每年9—10月间,我国大部分地区处于夏季风向冬季风的过渡时期,北方冷空气突发南下,温度明显下降,使正处在孕穗或抽穗扬花及灌浆阶段的晚稻、再生稻、鄂西二高山中稻、玉米等作物,遭受低温危害。

### (一)水稻防抗低温冷害技术

晚稻、再生稻、鄂西二高山中稻抽穗扬花期,遭遇连续3天以上,日平均气温低于22℃籼稻品种受害,低于 20℃粳稻品种受害,结实率降低,空瘪率增加,减产 10%～30%,严重时减产 50%甚至绝收。农谚有"寒露不出头,割了喂老牛"。

1. 水稻低温冷害的类型及特征

水稻冷害根据受害时期的不同,可分为延迟型冷害、障碍型冷害和混合型冷害。

(1)延迟型冷害。水稻在营养生长期或生殖生长期,在较长时间内遭遇较低温度的危害,削弱了稻株的生理活性,使生育拖后,抽穗开花延迟,不能充分灌浆成熟而导致显著减产。也有的是前期气温正常,抽穗并未延迟,而后期由于异常低温导致延迟开花授粉灌浆成熟。遭遇延迟型冷害,秕粒增多,千粒重下降,米质差,减产严重。

(2)障碍型冷害。水稻在生殖生长期,遭受短时间异常和相对强的低温,使花器的生理机制受到破坏,造成颖花不育,出现大量的空壳而严重减产。根据遭受低温危害时期的不同,又分为孕穗期冷害和抽穗开花期冷害。①孕穗期,如遇最低气温 17℃,持续 5～6 天,就会造成大量颖花退化或不能形成正常的花粉粒和卵细胞,形成大量空壳;②抽穗开花期如遇日平均气温低于 20℃或最低气温低于 15℃,就会发生大量颖壳不开、花药不裂、散不出花粉或花粉发芽率大幅度下降,造成不育而减产。

(3)混合型冷害。在一年度中,延迟型冷害和障碍型冷害相间发生,生育初期遇低温延迟根、茎、叶和分蘖的生长发育,延缓稻穗分化与抽穗;开花期又遇低温会造成颖花不育或部分不育,灌浆期持续低温延迟成熟,产生大量空瘪粒而减产。

2. 水稻防抗冷害技术

(1)选用适应性强的品种。选用生育期较短的早中熟品种,北纬 30°以北区域,种植双季晚稻宜选用粳稻品种;再生稻选用再生能力强、再生芽苗萌发生长快的中早熟品种。

(2)适期早播培育壮苗。晚稻在 6 月 20 日前后播种,7 月 15 日前后插秧,9 月 15 日前抽穗;再生稻头季 4 月初播种育秧,4 月 25 日前插秧,6 月底至 7 月 5 日抽穗,7 月 15—20 日施催芽肥,8 月 10 日前后收获头季稻。山区水稻 4 月中下旬播种,5 月中旬插秧,8 月底抽穗。

(3)因苗科学施肥。适当减少氮肥用量,如遇低温冷害年,减少氮肥用量 15%～20%,培育壮苗;适当增施磷肥,磷能提高水稻植株体内可溶性糖的含量,从而提高水稻的抗寒能力,还可促进早熟。

(4)湿润灌溉提升地温。水稻有效分蘖终止期,适时晒田,湿润灌溉;遇降温天气,灌 8 厘米左右水层保温护苗,冷空气过后排水露田,保持田泥湿润。

(5)喷施调节剂。抽穗至灌浆期,遭遇低温天气,可提前 2 天喷施磷酸二氢钾,提高抗寒能力;再生稻幼苗生长期,喷施"九二〇",促进芽苗生长。

**(二)玉米防抗低温冷害技术**

鄂西高山地区春播玉米、鄂北地区晚夏播玉米、平原地区秋播玉米,在秋季低温冷害出现早的年份,容易遭受冻害。

1. 玉米低温冷害的危害

玉米开花期,遇到日平均气温 18℃以下授粉不良;

灌浆成熟期,遇到日平均气温 16℃停止灌浆,遇 3℃的最低气温将完全停止生长,气温 -2～
-4℃植株死亡;

玉米生育中后期,遭受日平均气温 15～18℃为中等冷害,13～14℃为严重冷害。

**2. 玉米防抗冷害技术**

(1) 选用早中熟品种。鄂西高山春播玉米区、鄂北丘陵岗地夏播玉米区、沿江平原秋播玉米区,要因地制宜选用中早熟杂交玉米品种,在秋季低温冷害来临之前能够抽雄授粉或灌浆成熟。

(2) 因地制宜适期早播。地温稳定通过 8～10℃时,抢在冷尾暖头播种,覆土 3～5 厘米,集中在 7～8 天播完,一次播种保全苗。

(3) 地膜覆盖栽培。鄂西高山地区,无霜期短,有效积温不足,宜推广地膜覆盖栽培,具有增温保水保肥能力,可以在春季提高地温 3℃左右,使播种期提早 10～15 天,有效解决苗期冻害、后期冷害问题。

(4) 加强田间管理。①早间苗定苗,3～4 叶间苗定苗,推迟 1 个叶龄间苗,将延迟生育期 3 天左右;②早去分蘖,玉米茎基部叶片易发生腋芽并长成分蘖,既不能成穗浪费养分,又影响主茎生长,应及早去除;③早中耕松土,增地温,除杂草,促进玉米苗生长;④去雄授粉,有劳动力条件的地方,可进行隔行去雄、辅助授粉,使营养供向雌穗,可提早成熟 4 天左右,增产 10% 以上。

## 二、秋季连阴雨防抗技术

### (一) 秋季连阴雨对农业的影响

秋季连阴雨,一般发生在 9—10 月,正值秋收作物水稻、玉米、大豆、甘薯、棉花、花生、芝麻等收获,越冬作物小麦、大麦、蚕(豌)豆、油菜等播种,连阴雨影响秋收、秋播。

**1. 影响秋季作物收获**

连阴雨对成熟的中稻、玉米、棉花、花生收获不利,造成不能适期收获,俗称"仓门雨";雨期超过 7 天,就会造成穗上发芽、霉烂,品质严重降低,甚至不能收获。如 2017 年,秋季连阴雨从 8 月底到 10 月中旬,持续时间长、范围广、强度大,造成秋收作物不能及时收获,湖北省沿江中稻(含一季晚稻),不能收获,造成田间倒伏或穗上发芽;抢收的不能晾晒而发生霉变,损失严重。玉米没有抢收的,果穗出现霉烂、穗上发芽。棉花受连阴雨影响,棉铃吐絮慢、吐絮不畅,已吐絮的发霉变质,采摘困难。

**2. 影响晚秋作物结实**

秋季正是晚稻、再生稻、秋玉米等籽粒灌浆结实期,遭遇连阴雨,日照少,光合作用降低,授粉不良,灌浆速度减慢,空瘪率增加。

**3. 影响秋播作物耕种**

9—10 月是湖北省油菜、小麦、大麦、蚕(豌)豆等作物耕整地、播种期,遇到连阴雨天气,时间短,可以增加土壤墒情,对秋播整地播种及一播全苗有利;若连阴雨天过长,将会影响适墒整地和适期播种。如 2020 年 9 月中旬至 10 月下旬,出现间断性的连阴雨,影响前茬作物正常收获,翻耕整地,不但造成油菜、小麦等不能适时播种,而且播种质量差,越冬苗情长势弱。

### (二) 秋季作物防抗连阴雨技术

**1. 选用适宜品种**

依据本地自然气候、地理环境条件,选用适宜当地种植,生育期适宜的水稻、玉米等作物品种,确保在正常季节适期成熟。

**2. 因地适期播种**

根据当地秋季连阴雨发生的概率和时间,确定适宜的播种期。中稻在4月底至5月上旬播种,立秋节前后抽穗扬花,9月上中旬成熟收获;再生稻头季4月初播种,8月10日前后成熟收获,再生苗9月15日前抽穗扬花;晚稻6月20日前后播种,9月15日前后抽穗扬花;夏玉米6月上旬播种,9月中旬成熟收获;秋玉米7月上旬播种,9月10日前后抽雄授粉。避开成熟收获期遭遇秋季连阴雨天气的影响。

**3. 适期抢晴天收获**

根据天气预报,抢在连阴雨天气到来之前,组织农业收割机械,抢晴天收获。在九成熟就可收获,常言道"九成熟,十成收,十成熟,一成丢",如遇到连阴雨天气,甚至损失30%左右,并且质量下降。对抢收的产品,采取烘干除湿、房屋薄摊晾晒,预防霉烂。

**4. 秋播作物抗灾播种**

前茬作物收获后,抢墒整好待播地;遇到连阴雨,抢在降雨间歇期,实行旋耕整地播种;对播种季节下限期,不能耕整地的田块,采取免耕播种。

## 三、秋季干旱防抗技术

### (一)秋季干旱对农业生产的影响

**1. 影响在田作物生长**

秋季在田作物有迟播迟插中稻、双季晚稻、再水稻,旱粮作物有夏、秋播种玉米、甘薯、大豆,油料作物有夏播花生、芝麻、棉花,以及水果、蔬菜、中药材。正处于经济产品形成期,是夺取高产丰收、提升品质的关键时期。干旱不但影响水稻、玉米、大豆、花生等籽粒灌浆结实,造成产量降低,而且也影响水果膨大与品质,以及蔬菜生长。

**2. 影响秋播作物的播种**

秋季干旱影响小麦、大麦、蚕(豌)豆,油菜的正常播种、适期出苗,造成苗小、苗弱,难以培育高产壮苗。

### (二)秋季干旱的防抗技术

**1. 及时抗旱浇水**

对受旱作物,叶片打蔫的及时抗旱浇水,水田采取湿润灌溉,节约用水;旱地作物,顺厢(垄)沟窨灌,切忌满地漫灌。

**2. 叶面喷施调节剂**

对不能灌水抗旱的地块,实行叶面喷施抗旱剂、磷酸二氢钾、芸苔素内脂等,增强作物抗旱功能。

**3. 秋播作物抗旱播种**

可采取浅耕、旋耕保墒播种;适播期已过,采取干播等雨。

## 第三节　秋季作物生育进程与气象条件

🌾**秋季**　按阳历划分,9—11月为秋季,有6个节气,分别是白露、秋分、寒露、霜降、立冬、小雪。

按气象划分,秋季为日平均气温或滑动平均气温小于22℃,大于10℃。湖北省常年入秋时间为9月21日(图4-6)。1961—2017年湖北省入秋时间整体呈明显推后趋势,平均每10年推后2.1天。最早入秋年为1971年9月9日,最晚入秋年为2006年10月17日。常年秋季长度63天,呈变短趋势,平均每10年缩短1.5天。

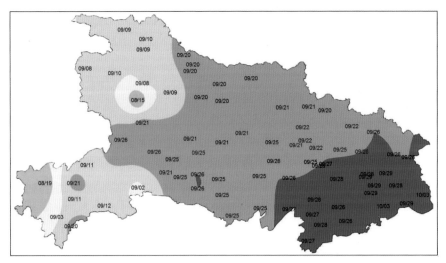

图4-6　湖北省各地平均入秋时间空间分布图(月/日)

**国际减轻自然灾害日**:自然灾害是当今世界面临的重大问题之一,严重影响经济、社会的可持续发展和威胁人类的生存。联合国于1987年12月11日确定20世纪90年代为"国际减轻自然灾害十年"。减轻自然灾害,一般是指减轻由潜在的自然灾害可能造成对社会及环境影响的程度,最大限度地减少人员伤亡和财产损失,使公众的社会和经济结构在灾害中受到破坏得以减轻到最低程度。1989年12月,第44届联合国大会,决定从1990年到1999年开展"国际减轻自然灾害十年"活动,规定每年10月的第二个星期三为"国际减少自然灾害日"。2001年联合国大会决定继续在每年10月的第二个星期三、2009年改为每年10月13日为"纪念国际减灾日",并借此在全球倡导减少自然灾害的文化,包括灾害防止、减轻和备战。从1990年以来的31年中,每年确定一个主题,开展国际减灾活动,2020年的活动主题为"提高灾害风险治理能力"。

**中国防灾减灾日**:全国防灾减灾日是经中华人民共和国国务院批准而设立的,自2009年起,每年5月12日为全国减灾防灾日。国家设立防灾减灾日,将使中国的防灾减灾工作更有针对性,更加有效地开展防灾减灾工作。一方面顺应社会各界对防灾减灾关注的诉求,另一方面提醒国民前事不忘,后事之师,更加重视防灾减灾,努力减少灾害损失。

## 一、9 月农作物生育进程与气象条件

**9月**
**上旬**

### 生育进程

| | | | |
|---|---|---|---|
| 中稻：灌浆结实成熟期 | 双季晚稻：拔节孕穗期 | 再生稻：拔节期 | 夏玉米：灌浆期 |
| 夏大豆：鼓粒期 | 秋玉米：抽雄、吐丝期 | 秋播马铃薯：播种期 | 棉花：吐絮期 |
| 移栽油菜：播种期 | 梨：采后至落叶期 | 桃：开始落叶期 | 葡萄：枝蔓成熟期 |
| 柑橘：果实膨大期 | 夏播蔬菜：育苗移栽期 | | |

### 旬气象条件

| | 气象站点 | 武汉 | 黄冈 | 荆州 | 襄阳 | 宜昌 | 恩施 |
|---|---|---|---|---|---|---|---|
| 旬气象参数 | 纬度 | 30°37′ | 30°26′ | 30°21′ | 32°2′ | 30°42′ | 30°17′ |
| | 经度 | 114°8′ | 114°54′ | 112°9′ | 112°10′ | 111°18′ | 109°28′ |
| | 平均气温(℃) | 25.9 | 26.2 | 25.2 | 24.2 | 25.2 | 24.4 |
| 极端高温 | 温度(℃) | 37.6 | 39.3 | 36.8 | 39.3 | 39.2 | 39.1 |
| | 出现日期 | 1995-9-6 | 1995-9-6 | 1995-9-7 | 1999-9-9 | 1995-9-3 | 2006-9-1 |
| 极端低温 | 温度(℃) | 12.7 | 14.3 | 13.8 | 12.6 | 15.7 | 14 |
| | 出现日期 | 1980-9-10 | 1972-9-3 | 1967-9-10 | 1965-9-9 | 1972-9-3 | 2000-9-7 |
| | 旬日照(小时) | 62.6 | 67.2 | 54.8 | 52.1 | 46.2 | 46.9 |
| | 降水量(毫米) | 32.7 | 30.5 | 23.8 | 30.3 | 44.2 | 52.1 |

### 农时节气 白露

　　时值阳历的 9 月 7—9 日，太阳到达黄经 165°时为"白露"节气。此时农作物即将成熟，"秋老虎"也将逝去，气候转凉，因气温降低较快，夜间温度已达白露的条件，因此露水凝结较多、较重，呈现白露，故而得名。鸿雁与燕子等候鸟南飞避寒，百鸟开始贮存干果粮食以备过冬。

### 农业科技

　　免耕播种马铃薯稻草覆盖栽培技术：①选择品种。宜选择早中熟、高产、优质、抗病品种，并且是休眠期已过的优质脱毒种薯，如费乌瑞它、中薯 5 号、南中 552 等。②种薯处理。播种 20 天前在室内催芽，打破休眠，促进幼芽萌发。③开沟整厢。播前清理收集稻草堆放在田头，一般每亩马铃薯地约预留 3 亩田的稻草；用草甘膦杀灭田间杂草，再按 2 米宽开沟作厢，并将沟土整碎均匀撒在厢面上。④适时播种。9 月上旬，前作中稻成熟后抢时低茬收割，收留稻草；开沟后灌一次跑马水，足墒播种，按照行距 30 厘米、穴距 25 厘米牵绳定距摆种，芽眼侧向贴近土面，使之与土壤紧密接触；底肥条施在行间，每亩底施生物有机肥 300 千克、三元复合肥 30 千克；播种一厢

覆盖一厢稻草,盖草压实厚度 5～8 厘米。⑤加强田管。遇旱喷灌,遇连续阴雨清沟排渍;出苗后尽早追施芽苗肥,每亩撒施尿素 3～4 千克,团棵期对长苗进行化调,壮苗亩追施硫酸钾 10 千克;选用对口农药防治病虫害,中后期喷施 0.2％磷酸二氢钾溶液。⑥适时收获。降霜前抢晴天收获。

表 4-2　油菜生长发育对生态环境条件的基本要求

| | 生育阶段 | 最低 | 最适 | 最高 | 对温度敏感性 |
|---|---|---|---|---|---|
| 温度 | 种子发芽 | 3～5℃ | 20～25℃ | 36～37℃ | |
| | 苗期 | −3～5℃ | 10～20℃ | | 抽薹前能忍受−5～−3℃ |
| | 抽薹至开花 | 5～10℃ | 15～18℃ | 30℃ | 低于 5℃不能开花 |
| | 角果发育期 | | 20℃ | | 15℃以下不能正常成熟 |
| 水分 | 发芽出苗期 | 土壤水分为田间最大持水量的 60％～70％较为适宜,种子需吸水达自身干重的 60％左右 | | | |
| | 出苗至现蕾 | 田间最大持水量以 70％以上适宜 | | | |
| | 现蕾至初花 | 田间最大持水量以 80％左右适宜 | | | |
| | 始花至终花 | 田间最大持水量以 70％～80％为宜,低于 60％或高于 90％不利 | | | |
| | 开花期 | 为油菜对土壤水分反应敏感的"临界期" | | | |
| | 角果发育期 | 土壤水分以田间最大持水量的 70％以上为宜 | | | |

把种薯"摆一摆"　　厢沟"挖一挖"　　用稻草"盖一盖"　　翻开稻草"捡一捡"

表 4-3　全国油菜籽主产省油菜籽生产情况

| 地区 | 2000 年 | | | 2019 年 | | |
|---|---|---|---|---|---|---|
| | 面积(万亩) | 总产量(万吨) | 单产(千克/亩) | 面积(万亩) | 总产量(万吨) | 单产(千克/亩) |
| 全国 | 11241 | 1138 | 101.3 | 12875 | 1349 | 136.5 |
| 内蒙古 | 443 | 31 | 68.9 | 389 | 39 | 100.3 |
| 江苏 | 977 | 143 | 146.5 | 261 | 51 | 193.8 |
| 浙江 | 446 | 44 | 98.1 | 176 | 26 | 146.5 |
| 安徽 | 1448 | 157 | 108.3 | 546 | 87 | 159.9 |
| 江西 | 944 | 53 | 56.1 | 723 | 69 | 95.2 |
| 河南 | 372 | 34 | 90.7 | 258 | 44 | 172.0 |
| 湖北 | 1739 | 198 | 114.2 | 1407 | 211 | 150.1 |
| 湖南 | 1176 | 109 | 92.9 | 1862 | 208 | 111.7 |
| 重庆 | 260 | 23 | 87.0 | 383 | 50 | 130.5 |
| 四川 | 1166 | 138 | 118.0 | 1835 | 296 | 161.7 |
| 贵州 | 692 | 66 | 95.7 | 669 | 77 | 115.5 |
| 云南 | 189 | 19 | 101.1 | 392 | 54 | 138.3 |
| 陕西 | 246 | 22 | 91.3 | 264 | 37 | 141.5 |
| 甘肃 | 207 | 22 | 106.9 | 246 | 36 | 144.6 |
| 青海 | 278 | 19 | 68.6 | 210 | 29 | 136.1 |

资料来源:2000 年中国农业统计资料,2020 年中国农村统计年鉴。

# 9月 中旬

## 生育进程

| | | |
|---|---|---|
| 中稻：成熟收获期 | 再生稻：抽穗期 | 双季晚稻：抽穗期 |
| 夏玉米：成熟期 | 夏大豆：鼓粒期 | 秋玉米：籽粒形成期 |
| 秋播马铃薯：出苗期 | 棉花：吐絮期 | 移栽油菜：育苗期 |

## 旬气象条件

<table>
<tr><th colspan="2">气象站点</th><th>武汉</th><th>黄冈</th><th>荆州</th><th>襄阳</th><th>宜昌</th><th>恩施</th></tr>
<tr><td colspan="2">纬度</td><td>30°37′</td><td>30°26′</td><td>30°21′</td><td>32°2′</td><td>30°42′</td><td>30°17′</td></tr>
<tr><td colspan="2">经度</td><td>114°8′</td><td>114°54′</td><td>112°9′</td><td>112°10′</td><td>111°18′</td><td>109°28′</td></tr>
<tr><td colspan="2">平均气温（℃）</td><td>24.1</td><td>24.4</td><td>23.5</td><td>22.5</td><td>23.5</td><td>22.4</td></tr>
<tr><td rowspan="2">极端高温</td><td>温度（℃）</td><td>36.2</td><td>37.3</td><td>36.3</td><td>35.6</td><td>37.2</td><td>36.8</td></tr>
<tr><td>出现日期</td><td>2010-9-18</td><td>1955-9-11</td><td>2010-9-18</td><td>2010-9-18</td><td>2005-9-20</td><td>1999-9-11</td></tr>
<tr><td rowspan="2">极端低温</td><td>温度（℃）</td><td>11.9</td><td>12.5</td><td>11.6</td><td>10</td><td>11.9</td><td>11.2</td></tr>
<tr><td>出现日期</td><td>2011-9-19</td><td>2011-9-19</td><td>2011-9-19</td><td>1978-9-19</td><td>2011-9-19</td><td>1967-9-13</td></tr>
<tr><td colspan="2">旬日照（小时）</td><td>55</td><td>60.7</td><td>49.7</td><td>49.1</td><td>41.1</td><td>38.3</td></tr>
<tr><td colspan="2">降水量（毫米）</td><td>25.4</td><td>24.2</td><td>21.9</td><td>21.5</td><td>39.6</td><td>41.8</td></tr>
</table>

旬气象参数

## 防灾减灾

寒露风造成低温冷害：长江中下游地区 9 月上中旬，晚稻抽穗扬花期遇持续 3 天以上日平均气温低于 22℃ 的气象灾害。晚稻或延迟直播的中稻遇秋季低温冷害，影响水稻的正常抽穗、开花、结实、灌浆和成熟，导致减产。其中孕穗至开花期临界低温为粳稻 18℃、籼稻 20℃，孕穗期低温导致小花不孕、枝梗分化数和粒数减少，结实率下降；开花期低温使花粉发芽率下降，花药不开，颖壳开裂角度变小甚至不开裂，影响正常受精，造成不育，空秕率明显增加；灌浆期临界低温为粳稻 13℃、籼稻 15℃，低温将减慢籽粒灌浆速度，粒重下降并劣质。

防御措施如下：

（1）改善田间小气候，减轻危害。冷空气来临前用温度较高的河（塘）水灌深水，灌约 10 厘米深水护苞，提高植株间和泥土的温度。

（2）合理施肥，增强抗寒能力。在寒露风到来前施肥，改善稻株的营养条件，促进发育及壮秆，增强抗寒能力。每亩用 200 克磷酸二氢钾＋0.5 千克尿素兑水 50 千克根外喷施。

（3）施用生长调节剂促进齐穗。始穗时每亩喷施谷粒饱 50 克或低浓度赤霉素（九二〇）等，促进齐穗,防止包颈。

(4) 喷施化学增温剂,以抑制水分蒸发和植株叶面蒸腾耗热,减少辐射热散失,从而相对提高水体和作物温度,以减轻或防御低温带来的危害。

烟草类型:烟草属茄科烟草属,目前该属共分为普通烟、黄花烟和碧玉烟三个亚种,共 66 种,生产上栽培的 90% 以上都是普通烟草,也叫红花烟。烟草在长期栽培过程中由于使用要求、调制方法和栽培措施及其产地自然条件的不同,将烟草分成烤烟、晒烟、晾烟、马里兰烟、白肋烟、香料烟、黄花烟等七种。

**表 4-4 全国烟叶主产省烟叶生产情况**

| 地区 | 2000 年 | | | 2019 年 | | |
|---|---|---|---|---|---|---|
| | 面积(万亩) | 总产量(万吨) | 单产(千克/亩) | 面积(万亩) | 总产量(万吨) | 单产(千克/亩) |
| 全国 | 1904 | 224.0 | 117.5 | 1541 | 215.3 | 139.7 |
| 辽宁 | 26 | 2.9 | 114.1 | 8 | 2.4 | 320.0 |
| 黑龙江 | 68 | 8.1 | 120.7 | 15 | 2.6 | 173.3 |
| 安徽 | 29 | 3.1 | 109.0 | 14 | 2.1 | 155.5 |
| 福建 | 81 | 9.1 | 113.4 | 75 | 10.6 | 141.3 |
| 江西 | 18 | 1.5 | 87.5 | 18 | 2.3 | 127.8 |
| 山东 | 92 | 11.3 | 122.9 | 27 | 4.4 | 162.9 |
| 河南 | 245 | 27.2 | 110.9 | 131 | 22.8 | 174.7 |
| 湖北 | 72 | 8.2 | 113.9 | 54 | 6.3 | 116.7 |
| 湖南 | 120 | 15.6 | 130.1 | 125 | 18.6 | 149.4 |
| 广东 | 39 | 5.0 | 128.1 | 26 | 4.2 | 164.7 |
| 重庆 | 83 | 7.7 | 92.9 | 45 | 5.9 | 131.1 |
| 四川 | 83 | 9.4 | 114.4 | 113 | 16.0 | 142.2 |
| 贵州 | 290 | 31.1 | 107.2 | 209 | 23.5 | 112.7 |
| 云南 | 495 | 64.6 | 130.5 | 614 | 83.5 | 136.1 |
| 陕西 | 71 | 7.4 | 104.3 | 33 | 5.4 | 163.7 |

资料来源:2000 年中国农业统计资料,2020 年中国农村统计年鉴。

# 9月 下旬

## 生育进程

| | | |
|---|---|---|
| **中稻**：收割期 | **再生稻**：齐穗扬花授粉期 | **双季晚稻**：灌浆期 |
| **夏大豆**：成熟期 | **秋玉米**：灌浆期 | **秋播马铃薯**：出苗期 |
| **棉花**：吐絮期 | **油菜**：移栽油菜幼苗期，直播油菜播种期 | |

## 旬气象条件

| | 气象站点 | | 武汉 | 黄冈 | 荆州 | 襄阳 | 宜昌 | 恩施 |
|---|---|---|---|---|---|---|---|---|
| 旬气象参数 | 纬度 | | 30°37′ | 30°26′ | 30°21′ | 32°2′ | 30°42′ | 30°17′ |
| | 经度 | | 114°8′ | 114°54′ | 112°9′ | 112°10′ | 111°18′ | 109°28′ |
| | 平均气温(℃) | | 22.3 | 22.7 | 21.7 | 20.8 | 21.8 | 21 |
| | 极端高温 | 温度(℃) | 36.7 | 35.2 | 34.2 | 34.1 | 34.9 | 35.5 |
| | | 出现日期 | 2008-9-22 | 2016-9-26 | 2008-9-22 | 1962-9-22 | 1962-9-22 | 2008-9-22 |
| | 极端低温 | 温度(℃) | 10.1 | 11.7 | 9.7 | 9 | 11.4 | 11.6 |
| | | 出现日期 | 1966-9-24 | 1982-9-27 | 1966-9-24 | 1968-9-29 | 1968-9-30 | 1976-9-30 |
| | 旬日照(小时) | | 57.6 | 63.7 | 49.5 | 51.4 | 42 | 37.7 |
| | 降水量(毫米) | | 15 | 12.7 | 21.1 | 24.7 | 31.5 | 39 |

## 农时节气 秋分

时值阳历的9月22—24日，太阳到达黄经180°，太阳直射赤道上，即在黄赤道相交点上，昼夜平分，故称秋分。因北半球天气转凉，候鸟大雁、燕子、杜鹃等都开始成群结队地从逐渐寒冷的北方飞往南方。秋分以后，降暴雨和大雨的机会非常小，但降水次数增多，正是"一场秋雨一场寒，十场秋雨要穿棉"。可用凉风习习、碧空万里、风和日丽、秋高气爽、丹桂飘香、蟹肥菊黄等词来形容。蛰居的小虫开始藏入穴中，并且用细土将洞口封起来以防寒气侵入。

秋分农事：抓好秋收、秋种、秋管的"三秋"生产。及时抢收成熟的中稻、玉米、甘薯、花生、芝麻、棉花等；适时抢种油菜、蔬菜；管理好双季晚稻和再生稻。

## 农业科技

**油菜绿色高效技术"345"模式**：即以绿色高效为目标，集成优良品种、种子包衣、缓控施肥、适期播种、合理密植、种肥同播、绿色防(调)控、机械作业等新品种、新产品、新技术，推进农机农艺深度融合，促进油菜全程机械化生产，实现每亩生产成本控制在300元左右、产油菜籽200千克、纯效益达到500元的高效模式。

中轩2BFDN-9油菜播种机

关键技术如下：

（1）机械播种。9月下旬至10月上中旬，用种肥联合播种机播种，一次性完成旋耕灭茬、开沟分厢、施肥、播种及喷施除草剂等工序。亩播优质油菜种子250～300克，确保亩成苗密度2万～3万株，种子用"碧护"5000倍液＋"康宽"(20％氯虫苯甲酰胺悬乳剂)1000倍液拌种；亩施"宜施壮"等油菜专用缓释(控)肥40千克左右或油菜专用配方肥40～50千克，肥力高的旱地可减至30～35千克。前茬秸秆量大的田块，须先将秸秆粉碎还田或打捆离田后再机条播。

冬前对旺苗化控

（2）绿色防控。机播时或播后3天内喷乙草胺等药剂进行封闭除草。草害较重的田块，在油菜4～5叶期间喷施油菜田专用除草剂除草。冬季明显脱肥田块亩追施尿素5千克。冬至苗偏旺田块，用15％多效唑可湿性粉剂100克或5％烯效唑40克兑水50千克喷雾控旺。旺长苗和弱小苗可喷施"碧护"等生长调节剂增强抗冻性。在蕾薹期，亩用"新美洲星"60～90毫升喷雾防控菌核病。

完熟期联合收割

（3）适时机收。全田80％角果变黄时，机械或人工割倒，晾熟5天左右后机械捡拾脱粒；或在完熟期采用联合收割机直接收获，秸秆直接粉碎还田。注意做好防旱、防渍、防病、防寒、防倒、防高温逼熟等技术措施的应用。

双低菜籽：指菜籽油中芥酸含量低于3％，饼粕中硫代葡萄糖甙含量低于30微摩尔/克的油菜品种。芥酸含量低的油脂品质优，硫代葡萄糖苷含量低，饼粕可以做养猪的优质蛋白质原料，综合转化利用增值效益高。

饱和脂肪酸不易被人体吸收，而油酸易于吸收且能降低胆固醇、防止血管硬化。而双低菜籽油饱和脂肪酸含量仅7％，是迄今为止发现的饱和脂肪最低的食用植物油，油酸含量平均达到61％，接近于橄榄油，并含有珍贵的亚麻酸（ω-3型脂肪酸），油脂活性营养成分如天然维E、植物甾醇、生育酚含量丰富，因此，双低菜籽油被誉为草本油料中的"东方橄榄油"。

表4-5　主要食用油的脂肪酸组成

| 食用油种类 | 饱和脂肪酸 C12-24：0 | 油酸 C18：1 | 亚油酸 C18：2 | 亚麻酸 C18：3 | 芥酸 C22：1 |
|---|---|---|---|---|---|
| 双低菜籽油 | 7％ | 61％ | 21％ | 11％ | 0　2％ |
| 双高菜籽油 | 7％ | 17％ | 13％ | 10　11％ | 41％ |
| 茶油 | 7.5％　18.8％ | 74　87％ | 7％　14％ | 0 | 0 |
| 向日葵油 | 12％ | 16％ | 71％ | 少 | 0 |
| 芝麻油 | 12％ | 39％ | 45％ | 0 | 0 |
| 玉米油 | 13％ | 29％ | 57％ | 1％ | 0 |
| 橄榄油 | 15％ | 75％ | 9％ | 1％ | 0 |
| 大豆油 | 15％ | 23％ | 54％ | 8％ | 0 |
| 花生油 | 19％ | 48％ | 33％ | 少 | 0 |
| 棉籽油 | 27％ | 19％ | 54％ | 少 | 0 |
| 猪油 | 43％ | 47％ | 9％ | 1％ | 0 |
| 棕榈油 | 51％ | 39％ | 10％ | 少 | 0 |

数据来源：沙洋油菜博物馆。

## 二、10月农作物生育进程与气象条件

**10月** 上旬

### 生育进程

| | | | |
|---|---|---|---|
| 再生稻：灌浆结实期 | 双季晚稻：灌浆期 | 秋玉米：灌浆期 | 秋播马铃薯：团棵期 |
| 棉花：吐絮期 | 油菜：移栽期，直播油菜播种出苗期 | | 梨：采后至落叶期 |
| 桃：落叶期 | 柑橘：果实成熟、采收期 | | 葡萄：落叶期 |
| 夏播蔬菜：苗期 | 越冬蔬菜：播种期 | | 蚕豆：播种期 |

### 旬气象条件

<table>
<tr><td colspan="2">气象站点</td><td>武汉</td><td>黄冈</td><td>荆州</td><td>襄阳</td><td>宜昌</td><td>恩施</td></tr>
<tr><td colspan="2">纬度</td><td>30°37′</td><td>30°26′</td><td>30°21′</td><td>32°2′</td><td>30°42′</td><td>30°17′</td></tr>
<tr><td colspan="2">经度</td><td>114°8′</td><td>114°54′</td><td>112°9′</td><td>112°10′</td><td>111°18′</td><td>109°28′</td></tr>
<tr><td colspan="2">平均气温（℃）</td><td>20.2</td><td>20.6</td><td>19.8</td><td>19.1</td><td>19.9</td><td>18.7</td></tr>
<tr><td rowspan="2">极端高温</td><td>温度（℃）</td><td>33.9</td><td>34.9</td><td>33.3</td><td>33.6</td><td>35.7</td><td>33.9</td></tr>
<tr><td>出现日期</td><td>1992-10-2</td><td>1992-10-2</td><td>1959-10-10</td><td>1959-10-9</td><td>1959-10-9</td><td>2016-10-3</td></tr>
<tr><td rowspan="2">极端低温</td><td>温度（℃）</td><td>6.6</td><td>9</td><td>7.4</td><td>6.2</td><td>9.5</td><td>9.6</td></tr>
<tr><td>出现日期</td><td>1981-10-9</td><td>1981-10-9</td><td>1981-10-9</td><td>1992-10-8</td><td>1981-10-9</td><td>1991-10-7</td></tr>
<tr><td colspan="2">旬日照（小时）</td><td>51.1</td><td>54.2</td><td>42.6</td><td>50</td><td>37.5</td><td>32.4</td></tr>
<tr><td colspan="2">降水量（毫米）</td><td>23.1</td><td>24.4</td><td>20.5</td><td>19.7</td><td>22</td><td>33.5</td></tr>
</table>

旬气象参数

### 农时节气 寒露

　　每年阳历的10月8—9日，太阳到达黄经195°。此时气温继续往下降，野外的露水更多，形态也由白露的洁白晶莹凝结为霜形，有霜自然寒，露水冰凉，故称寒露。由于此时阴雨天少，所以光照充足，是全年日照百分率最大的节气，素有"秋高气爽"之称。

　　寒露农事：抢收一季晚稻、夏玉米、甘薯、采摘棉花；翻耕整地播种油菜，遇到干旱及时浇水保全苗，耕整土地、购买种子、准备播种小麦。

### 农业科技

　　直播油菜：前茬作物收割后及时翻耕晒垡、旋耕，旋耕深度15～16厘米，做到土壤平整上松下实，然后开沟做厢，厢宽200厘米，结合整地撒施底肥，亩施油菜专用复合肥40千克；直播油菜适时抢墒播种，亩用种量250克左右，可采取少免耕机条播或人工条播、撒播，注意匀播，播种后及时清理三沟，沟土捣碎均匀撒在厢面上。推荐选用湖北中轩科技有限公司生产的中轩2BFDN-

9 或黄鹤牌 2BFQ-6 型等油菜精量直播机，一次性完成旋耕灭茬、开沟、起垄、施肥、播种、喷药等多种工序。

表 4-6　湖北省油菜籽主产市州油菜籽生产情况

| 地区 | 2000 年 | | | 2019 年 | | |
|---|---|---|---|---|---|---|
| | 面积(万亩) | 总产量(万吨) | 单产(千克/亩) | 面积(万亩) | 总产量(万吨) | 单产(千克/亩) |
| 全省 | 1739.6 | 232.57 | 133.7 | 1407.5 | 211.35 | 150.2 |
| 荆州市 | 364.5 | 53.07 | 145.6 | 257.0 | 41.46 | 161.3 |
| 黄冈市 | 274.0 | 33.95 | 123.9 | 194.1 | 30.03 | 154.7 |
| 荆门市 | 177.2 | 27.43 | 154.8 | 153.6 | 24.65 | 160.5 |
| 宜昌市 | 141.9 | 19.66 | 138.6 | 116.9 | 17.25 | 147.6 |
| 咸宁市 | 87.2 | 6.25 | 71.7 | 112.6 | 12.26 | 108.9 |
| 孝感市 | 125.7 | 14.96 | 119.0 | 88.4 | 14.09 | 159.4 |
| 仙桃市 | 70.9 | 11.04 | 155.7 | 73.5 | 11.41 | 155.2 |
| 恩施州 | 74.7 | 6.49 | 86.9 | 72.5 | 9.60 | 132.4 |
| 十堰市 | 65.0 | 6.29 | 96.8 | 65.7 | 8.63 | 131.3 |
| 襄阳市 | 83.7 | 14.63 | 174.8 | 54.7 | 8.73 | 159.7 |
| 黄石市 | 59.0 | 6.23 | 105.6 | 50.2 | 7.62 | 151.7 |
| 武汉市 | 101.6 | 12.16 | 119.7 | 49.1 | 7.51 | 152.9 |

表 4-7　2019 年全国蔬菜、瓜类主产省生产情况

| 地区 | 蔬 菜 | | 瓜 类 | | |
|---|---|---|---|---|---|
| | 面积(万亩) | 总产量(万吨) | 面积(万亩) | 总产量(万吨) | 西瓜产量(万吨) |
| 全国 | 31294.1 | 72103 | 3249.9 | 8363 | 6324 |
| 河北 | 1191.9 | 5093 | 111.9 | 387 | 252 |
| 江苏 | 2136.8 | 5644 | 244.9 | 661 | 496 |
| 浙江 | 968.7 | 1903 | 148.2 | 284 | 204 |
| 安徽 | 1024.1 | 2214 | 135.3 | 356 | 299 |
| 福建 | 869.7 | 1571 | 28.9 | 46 | 38 |
| 江西 | 966.6 | 1582 | 126.3 | 219 | 191 |
| 山东 | 2196.3 | 8181 | 318.0 | 1101 | 771 |
| 河南 | 2599.4 | 7369 | 462.9 | 1639 | 1417 |
| 湖北 | 1886.9 | 4087 | 145.4 | 349 | 288 |
| 湖南 | 1969.8 | 3969 | 205.5 | 393 | 337 |
| 广东 | 1980.8 | 3528 | 63.5 | 142 | 93 |
| 广西 | 2227.8 | 3636 | 178.1 | 332 | 294 |
| 重庆 | 1129.8 | 2009 | 40.5 | 61 | 56 |
| 四川 | 2119.5 | 4639 | 76.4 | 136 | 113 |
| 贵州 | 2153.4 | 2735 | 48.3 | 75 | 52 |
| 云南 | 1747.5 | 2304 | 37.4 | 58 | 42 |
| 陕西 | 760.7 | 1897 | 114.8 | 279 | 177 |
| 宁夏 | 196.8 | 566 | 98.6 | 165 | 154 |
| 新疆 | 412.2 | 1459 | 181.7 | 486 | 264 |

资料来源：2020 年中国农村统计年鉴。

# 10月 中旬

## 生育进程

| | | |
|---|---|---|
| 再生稻、双季晚稻：灌浆期 | 小麦：鄂北和鄂西山区小麦始播期 | 秋玉米：灌浆期 |
| 秋播马铃薯：团棵期 | 棉花：吐絮期 | 越冬蔬菜：苗期 |
| 夏播蔬菜：采收期 | 油菜：育苗移栽期，直播油菜苗期 | |

## 旬气象条件

| 气象站点 | | 武汉 | 黄冈 | 荆州 | 襄阳 | 宜昌 | 恩施 |
|---|---|---|---|---|---|---|---|
| 纬度 | | 30°37′ | 30°26′ | 30°21′ | 32°2′ | 30°42′ | 30°17′ |
| 经度 | | 114°8′ | 114°54′ | 112°9′ | 112°10′ | 111°18′ | 109°28′ |
| 平均气温(℃) | | 18.3 | 18.8 | 17.9 | 17.2 | 18 | 17.1 |
| 极端高温 | 温度(℃) | 34.4 | 33.2 | 31.5 | 31.8 | 33.2 | 31.4 |
| | 出现日期 | 1951-10-18 | 1959-10-11 | 2013-10-12 | 2013-10-11 | 1957-10-11 | 2013-10-11 |
| 极端低温 | 温度(℃) | 5 | 4.6 | 3.7 | 5.1 | 7.3 | 7.3 |
| | 出现日期 | 1963-10-18 | 1962-10-15 | 1962-10-15 | 1985-10-20 | 1962-10-15 | 1967-10-19 |
| 旬日照(小时) | | 42.5 | 48.3 | 35.2 | 39.3 | 31.9 | 23.7 |
| 降水量(毫米) | | 31.7 | 30.3 | 31.8 | 27.6 | 32.2 | 44.9 |

## 农业科技

　　湖北小麦的适宜播种期：根据湖北省各地多年试验研究和生产实践证明，鄂北地区的适宜播种期在10月15—28日，鄂中、江汉平原的适宜播种期在10月25日—11月初。确定小麦适宜播种期，需要考虑到气候、品种类型、土壤墒情等因素。而在当地气候条件下，以冬前能否形成壮苗作为是否为适期播种的最终衡量标准。

　　(1)气温。不同类型品种适宜播期的气温指标略有不同。一般冬性品种16～18℃，半冬性品种14～16℃，春性品种12～14℃。山区海拔较高，冬前积温偏少，宜适当早播。

　　(2)品种类型。一般春性品种可在适期范围内偏迟播种，半冬性品种可适当提早播种。目前湖北生产上应用的品种多为半冬偏春性，要注意适期播种，切勿早播。如鄂麦18、鄂麦23在鄂北地区以10月18—25日播种，鄂中、江汉平原10月25日—11月初播种较为安全。而郑麦9023属春性品种，应相应推迟3～5天播种。

　　(3)土壤墒情。在播种适期范围内，要适墒、抢墒播种，无墒要抗旱播种，尽力做到适时播种，适时出苗，为苗全苗壮打下良好的基础。

　　稻茬麦机条播技术：①品种选择。选用高产、稳产、多抗、广适性的半冬性或弱春性品种，如襄麦25、鄂麦596、漯麦6010、郑麦9023等。②稻草粉碎还田。水稻收割留茬高度≤18厘米，稻草全量粉碎还田，秸秆粉碎长度≤10厘米，适墒深翻炕土，翻耕深度大于23厘米。③适期精量条播。播种前先挂旋耕机旋耕灭茬一遍，可选用黄鹤 2BQZ-6 型油麦精量播种机播种，幅宽 200 厘米，播种 8 行，一次作业完成旋耕灭茬、开槽、播种、施肥、覆土、开沟起垄 6 道工序。选用精选种子以防播种器堵塞造成缺苗断垄，初始播种应调节好播种量和施肥量，平均每 10 厘米下种 11～14 粒；一般每小时作业 5～8 亩，若配上北斗导航拖拉机便可提高播种效率和播种质量，且可在夜晚精准作业，抢时播种。④三沟配套。重点清理中沟和围沟。

表 4-8　小麦生长发育对生态环境条件的基本要求

| 生育阶段 | | 最低 | 最适 | 最高 | 对温度敏感性 |
|---|---|---|---|---|---|
| 温度 | 种子发芽 | 1～2℃ | 15～20℃ | 30～35℃ | |
| | 出苗至分蘖 | 3～4℃ | 14～15℃ | 18℃以上 | 麦苗能忍受－20～－15℃ |
| | 拔节至孕穗 | 7～10℃ | 12～20℃ | 24～39℃ | －3～－2℃花粉受损造成不育 |
| | 开花授粉 | 9～11℃ | 20～22℃ | 36～39℃ | |
| | 成熟 | 12℃ | 20～22℃ | 26～32℃ | |
| 水分 | 发芽至出苗 | 种子吸水达自身干重的 30% 开始发芽，45%～50% 发芽最快，田间持水量 75% 左右，有利于出苗 | | | |
| | 拔节至孕穗 | 土壤含水量保持在田间最大持水量的 70% 左右最为适宜 | | | |
| | 开花授粉期 | 是小麦需水临界期，要求田间持水量的 70% 左右最为适宜 | | | |
| | 灌浆期 | 田间持水量 70%～60% | | | |

秸秆粉碎还田

旋耕灭茬

拖拉机北斗导航播种

表 4-9　全国小麦主产省小麦生产情况

| 地区 | 2000 年 | | | 2019 年 | | |
|---|---|---|---|---|---|---|
| | 面积(万亩) | 总产量(万吨) | 单产(千克/亩) | 面积(万亩) | 总产量(万吨) | 单产(千克/亩) |
| 全国 | 39979.9 | 9963.7 | 249.2 | 35591.6 | 13359.6 | 375.3 |
| 河北 | 4018.2 | 1208.0 | 300.6 | 3483.8 | 1462.6 | 419.8 |
| 山西 | 1339.8 | 215.2 | 160.6 | 820.2 | 226.2 | 275.8 |
| 内蒙古 | 925.7 | 181.8 | 196.4 | 807.0 | 182.7 | 226.3 |
| 江苏 | 2931.9 | 796.4 | 268.3 | 3520.4 | 1317.5 | 374.3 |
| 安徽 | 3189.6 | 707.1 | 221.7 | 4253.4 | 1656.9 | 389.5 |
| 山东 | 4122.3 | 1860.0 | 330.8 | 6002.7 | 2552.9 | 425.3 |
| 河南 | 7383.5 | 2236.0 | 302.9 | 8560.1 | 3741.8 | 437.1 |
| 湖北 | 1267.7 | 233.7 | 184.3 | 1526.6 | 390.7 | 255.9 |
| 四川 | 2407.5 | 532.1 | 221.0 | 916.7 | 246.2 | 268.5 |
| 陕西 | 2305.8 | 418.6 | 181.5 | 1448.9 | 382.0 | 263.7 |
| 甘肃 | 1788.3 | 266.1 | 148.8 | 1109.9 | 281.1 | 253.3 |
| 新疆 | 1258.2 | 399.5 | 317.5 | 1592.4 | 576.0 | 361.7 |

资料来源：2000 年中国农业统计资料，2020 年中国农村统计年鉴。

**10**月
**下旬**

## 生育进程

再生稻、双季晚稻：成熟期　　秋玉米：成熟期　　小（大）麦：播种期，江汉平原始播期

秋马铃薯：块茎膨大期　　棉花：吐絮、拔秆期　　油菜：移栽油菜缓苗期，直播油菜苗期

## 旬气象条件

旬气象参数

| 气象站点 | 武汉 | 黄冈 | 荆州 | 襄阳 | 宜昌 | 恩施 |
|---|---|---|---|---|---|---|
| 纬度 | 30°37′ | 30°26′ | 30°21′ | 32°2′ | 30°42′ | 30°17′ |
| 经度 | 114°8′ | 114°54′ | 112°9′ | 112°10′ | 111°18′ | 109°28′ |
| 平均气温(℃) | 16.3 | 16.9 | 16.1 | 15.3 | 16.5 | 15.3 |
| 极端高温 温度(℃) | 31.2 | 31.1 | 31.4 | 32.4 | 32.1 | 28.8 |
| 极端高温 出现日期 | 1997-10-23 | 1997-10-22 | 1997-10-21 | 1997-10-21 | 1997-10-21 | 2015-10-21 |
| 极端低温 温度(℃) | 1.3 | 2.9 | 1.7 | 0 | 3.7 | 5.2 |
| 极端低温 出现日期 | 1978-10-29 | 1966-10-28 | 1978-10-29 | 1986-10-29 | 1986-10-29 | 1957-10-29 |
| 旬日照(小时) | 59.3 | 63.4 | 52.3 | 56.6 | 47.8 | 31.2 |
| 降水量(毫米) | 24.6 | 26.4 | 25.1 | 16.6 | 25.8 | 33.2 |

## 农时节气　霜降

每年阳历的 10 月 23—24 日，太阳到达黄经 210°时为"霜降"节气。此时气候已渐寒冷，露凝结为霜而下降，所以称之为霜降。

霜是近地面空气中的水汽在地面或作物上凝华而成的冰晶，色白且结构疏松，霜遍布在作物草木土石上，俗称打霜。而经过打霜覆盖的蔬菜，吃起来味道特别鲜美。

霜降农事：抢收双季晚稻、再生稻、再生高粱，采摘棉花，拔除棉秆；翻耕整地播种小麦、大麦，蚕(豌)豆；油菜移栽，直播油菜间苗定苗；采收柑橘水果等。

## 农业科技

小(大)麦：

(1) 适墒整地。前茬收割时秸秆粉碎还田，随即深翻炕土，并撒施秸秆腐熟剂，播种时抢天气旋耕碎垡，均匀撒施底肥。

(2) 适宜播期。确定小麦适宜播期，要考虑到天气条件、品种类型等。气温是确定小麦适宜播期的主要依据，冬性品种在平均气温 16～18℃、半冬性品种 14～16℃、春性品种 12～14℃

棉田免耕套种大麦

时播种,有利于形成壮苗。小麦从播种到出苗约需 0℃ 以上的积温 110~120℃,出苗后至越冬前,每生长 1 片叶约需 70~80℃ 的积温,冬前壮苗标准是 5.5~6.1 片叶,需 0℃ 以上积温为 490~570℃。鄂北地区的适宜播期在 10 月 15—25 日,鄂中丘陵地区在 10 月 25—30 日,江汉平原地区在 10 月 30 日—11 月 5 日。

秋玉米地免耕播种小麦

（3）适量播种。推行机械精量条播或撒播,旱地每亩基本苗 15 万~18 万苗,亩用种 12.5 千克左右,稻茬麦亩基本苗 20 万~25 万苗,亩用种量 15 千克左右;大麦亩用种 10~12 千克,基本苗在 20 万苗左右;药剂拌种或包衣,播后清理三沟。

**小麦春性品种为什么不能早播?** 这是由小麦的品种特征特性所决定的。一般来说,半冬性品种要经过 15~35 天的 0~7℃ 的低温才能通过春化阶段,而后还需要一定时期的长日照才能

稻茬少耕直播油菜

抽穗。因此在生产上适当早播不会引起早穗。而春性品种在 0~12℃ 的温度下,只需要 5~15 天即可通过春化阶段,并且对长日照反应不敏感,早播容易引起年前拔节,甚至早穗。越冬期遇到寒潮或倒春寒,易受冻减产。所以春性品种一般要比半冬性品种迟播 5~7 天。湖北省小麦生产上应用的小麦品种多为半冬偏春性品种,要注意适期播种,切勿早播。

北斗自动驾驶系统:是集卫星接收、定位、控制于一体的综合性系统,主要由 GNSS 天线、高精度北斗/GNSS 接收机、显示器、控制器、液压阀、角度传感器等部分组成。农业生产者根据位置传感器(GNSS 卫星导航系统等)设计好的行走路线,操作控制拖拉机的转向机构(转向阀),驱动拖拉机进行农业耕作,如翻地、靶地、旋耕、起垄、播种、喷药、收获等各个

北斗导航拖拉机作业

环节的农业作业。①作业重复误差在 2.5 厘米以内,大大减少农机作业的重复面积;②针对不同的地块形状,提供多种作业模式选择(直线、曲线、圆形);③作业过程除地头作业外,采用全程自动控制方式,降低驾驶员的劳动强度;④不受天气因素干扰,无论日夜都可以保证高精度作业;⑤已完成作业的区域,由用其他颜色进行标示,即使隔行作业也不会弄错;⑥自动计算面积,作业面积一目了然;⑦支持田块资料储存,便于随时查阅,不必每年划定行走路线。

农业物联网:通过在农业生产现场搭建全面的"物联网"监控网络,实时监控管理生产基地的气候环境、土壤墒情、作物长势、病虫害情况,同时可远程自动化控制现场农业设施设备,真正做到 24 小时不间断实时监测、异常情况智能预警、险情灾害及时排解、设施设备精准控制,最终实现降低成本、提高效率、改善产量与品质的目的。

有害生物远程监控仪　土壤墒情远程监测仪

## 三、11 月农作物生育进程与气象条件

### 生育进程

| | |
|---|---|
| **小（大）麦：** 小（大）麦播种至出苗期 | **棉花：** 秋桃吐絮期 |
| **油菜：** 苗期　　**桃：** 休眠期 | **梨、葡萄：** 落叶期　　**柑橘：** 果实成熟、采收期 |

### 旬气象条件

<table>
<tr><td colspan="3">气象站点</td><td>武汉</td><td>黄冈</td><td>荆州</td><td>襄阳</td><td>宜昌</td><td>恩施</td></tr>
<tr><td rowspan="9">旬气象参数</td><td colspan="2">纬度</td><td>30°37′</td><td>30°26′</td><td>30°21′</td><td>32°2′</td><td>30°42′</td><td>30°17′</td></tr>
<tr><td colspan="2">经度</td><td>114°8′</td><td>114°54′</td><td>112°9′</td><td>112°10′</td><td>111°18′</td><td>109°28′</td></tr>
<tr><td colspan="2">平均气温（℃）</td><td>14.5</td><td>15</td><td>14.5</td><td>13.5</td><td>14.9</td><td>13.8</td></tr>
<tr><td rowspan="2">极端高温</td><td>温度（℃）</td><td>30.4</td><td>30.2</td><td>29.7</td><td>27.9</td><td>29.8</td><td>27.2</td></tr>
<tr><td>出现日期</td><td>2003-11-2</td><td>1979-11-1</td><td>2003-11-1</td><td>1979-11-2</td><td>1979-11-1</td><td>1979-11-2</td></tr>
<tr><td rowspan="2">极端低温</td><td>温度（℃）</td><td>0.1</td><td>2.1</td><td>0.8</td><td>−1.6</td><td>3.6</td><td>0.7</td></tr>
<tr><td>出现日期</td><td>1992-11-9</td><td>1968-11-9</td><td>1959-11-9</td><td>1959-11-9</td><td>1968-11-10</td><td>1992-11-10</td></tr>
<tr><td colspan="2">旬日照（小时）</td><td>52.1</td><td>54.1</td><td>46.6</td><td>51.8</td><td>41.7</td><td>28.9</td></tr>
<tr><td colspan="2">降水量（毫米）</td><td>26.7</td><td>25.9</td><td>28.4</td><td>20.9</td><td>22.1</td><td>31.1</td></tr>
</table>

### 农时节气　立冬

　　每年阳历的 11 月 7—8 日,太阳到达黄经 225°时为"立冬"节气。此时起,北风呼啸,阳气潜藏,阴气盛极,草木调零,蛰虫伏藏,万物进入冬眠状态。

　　立冬农事:抓好越冬作物小麦、大麦、蚕(碗)豆、油菜田间管理,培育壮苗越冬;蔬菜、果树保温防冻。

### 农业科技

　　小麦不同生育时期的壮苗标准:分蘖的发生与主茎叶龄存在 N-3 的同伸关系。11 月麦苗主茎 4~5 片叶,单株分蘖 1~2 个;冬至时主茎 5~6 片叶,单株分蘖 2~3 个,每亩总苗数 50 万左右;拔节期主茎 8~9 片叶,单株 3 片叶以上的大蘖 2~3 个;抽穗期单株成穗 1.5~2 个,穗层整齐。据此判断苗情,分为一、二、三类苗,进行分类指导,冬前加强管理以提档升级促增产。

　　小(大)麦:3~4 叶期追施分蘖肥,亩施尿素 5~7.5 千克,弱苗和稻茬麦早施、多施,旺苗少施、迟施。麦苗达到 6 片叶,且生长旺盛的须镇压 1~2 次,控制茎叶旺长,促进分蘖发根。

　　油菜冬发壮苗标准:油菜冬发壮苗不但要有较大的苗体、较强的苗势,而且要有较强的抗寒

能力,冬季油菜壮苗,应根据各地生产条件和栽培水平来确定。通常冬发壮苗要达到 11～12 片以上的绿叶,根茎粗大于 1.5 厘米;二类苗绿叶数 8～10 片,根茎粗大于 1 厘米;三类苗绿叶数 6 片左右,根茎粗小于 1 厘米。

小麦分蘖期弱苗个体　分蘖期壮苗个体　　越冬期壮苗个体　　　　越冬期壮苗群体

瞭望台

表 4-10　全国水果主产省水果生产情况

| 地区 | 2000 年 | | | 2019 年 | | |
|---|---|---|---|---|---|---|
| | 面积(万亩) | 总产量(万吨) | 单产(千克/亩) | 面积(万亩) | 总产量(万吨) | 单产(千克/亩) |
| 全国 | 13398 | 8225 | 613.9 | 18416 | 27401 | 1487.9 |
| 河北 | 1563 | 677 | 433.1 | 759 | 1392 | 1834.0 |
| 山西 | 434 | 205 | 472.9 | 563 | 863 | 1534.2 |
| 辽宁 | 590 | 250 | 424.1 | 530 | 821 | 1550.5 |
| 江苏 | 230 | 176 | 766.9 | 300 | 984 | 3280.0 |
| 浙江 | 374 | 170 | 455.1 | 483 | 744 | 1540.4 |
| 福建 | 839 | 111 | 132.4 | 516 | 727 | 1408.9 |
| 江西 | 426 | 356 | 835.7 | 630 | 693 | 1100.0 |
| 山东 | 1146 | 976 | 851.7 | 878 | 2840 | 3236.5 |
| 河南 | 534 | 365 | 683.5 | 648 | 2560 | 3950.6 |
| 湖北 | 351 | 216 | 615.4 | 572 | 1010 | 1767.3 |
| 湖南 | 495 | 151 | 305.1 | 804 | 1062 | 1320.9 |
| 广东 | 1503 | 644 | 428.5 | 1511 | 1769 | 1171.1 |
| 广西 | 1178 | 360 | 305.7 | 1998 | 2472 | 1237.3 |
| 重庆 | 147 | 82 | 557.8 | 482 | 476 | 988.6 |
| 四川 | 459 | 253 | 551.2 | 1166 | 1137 | 975.5 |
| 贵州 | 114 | 31 | 271.9 | 1028 | 442 | 430.2 |
| 云南 | 344 | 77 | 224.1 | 942 | 860 | 912.9 |
| 陕西 | 998 | 494 | 495.3 | 1701 | 2013 | 1183.4 |
| 甘肃 | 410 | 122 | 297.9 | 479 | 710 | 1483.8 |
| 新疆 | 290 | 152 | 613.9 | 1403 | 1605 | 1144.4 |

资料来源:2000 年中国农业统计资料,2020 年中国农村统计年鉴。

**11月 中旬**

## 生育进程

小（大）麦：出苗至3叶期　　棉花：终絮期　　油菜：苗期　　秋马铃：进入采收期

蔬菜：夏季播种育苗定植的西蓝薹、西蓝花、甘蓝、白菜、萝卜进入采收期。

## 旬气象条件

| | 气象站点 | 武汉 | 黄冈 | 荆州 | 襄阳 | 宜昌 | 恩施 |
|---|---|---|---|---|---|---|---|
| **旬气象参数** | 纬度 | 30°37′ | 30°26′ | 30°21′ | 32°2′ | 30°42′ | 30°17′ |
| | 经度 | 114°8′ | 114°54′ | 112°9′ | 112°10′ | 111°18′ | 109°28′ |
| | 平均气温(℃) | 11.5 | 12 | 11.6 | 10.4 | 12.2 | 11.8 |
| 极端高温 | 温度(℃) | 28.4 | 26 | 26.8 | 24.8 | 26.9 | 24.6 |
| | 出现日期 | 1998-11-15 | 1998-11-14 | 1998-11-15 | 1998-11-13 | 1990-11-14 | 1962-11-15 |
| 极端低温 | 温度(℃) | −1.7 | −1.5 | −1.6 | −3 | −0.3 | 0.4 |
| | 出现日期 | 2009-11-17 | 2009-11-17 | 1955-11-17 | 1976-11-14 | 2009-11-17 | 1979-11-19 |
| | 旬日照(小时) | 42.7 | 45.2 | 34.9 | 40.9 | 30 | 19.9 |
| | 降水量(毫米) | 18.7 | 20.3 | 17.3 | 11.3 | 17 | 23.4 |

## 农业科技

桃树"Y"字形及其修剪技术：

栽植密度：株距1～1.5米,行距4米,亩栽111～167株。

树体结构：树干高50厘米,主枝开张角度20°～30°。主枝上配置中小型结果枝组或直接着生结果枝。

优点：结构简单、便于掌握；通风透光、株间矛盾少；便于机械化；早果、高产、优质。

整形修剪要点：①主枝的培养。幼树期培养树形,定干高度70厘米。当新稍长至50厘米左右时,在树干50

冬季形状　　　结果形状

厘米以上选择生长势好、邻近着生、方向正的两个枝条作二主枝,角度开张至20°～30°,并通过摘心、扭梢、拿枝等方式控制其他新梢的旺长,促进成花。冬剪时,疏除延长头附近的竞争枝和过密枝,保持单轴延伸；疏除伸向树冠内堂的徒长枝、背上旺枝和过密枝等；多留侧生、斜生的中庸细长枝,疏除过粗过大枝。每年基本如此。②结果枝组培养。株距为1.5米的植株可以在主枝基部培养几个中小型结果枝组,均匀分布在主枝侧下方,相距30～40厘米。在主枝中上部直接着生中长结果枝；株距 1 米的植株在主枝上直接着生中长结果枝。③结果枝选留与修剪：只留长度 60 厘米以下、粗度 0.8 厘米以下的细长或中庸结果枝、短果枝和花束状果枝；疏除强旺、直立、徒长性结果枝；初幼果期树上以长枝修剪为主；盛果期后适当加重短截。

选留主枝　　　　第一年 8 月整形　　　　第一年冬季修剪　　　　结果枝组培养

**柑橘防冻技术**：①果实全部下树。在低温冻害来临之际，务必将所有果实尽快下树销售或贮藏，减少树体营养消耗，提高抗寒性。②橘园管理做到"三不"。不修剪、不施肥、不中耕，以免损伤树体，加重冻害。③清园消毒与树干涂白。全园喷洒1波美度石硫合剂，同时，用生石灰 30 千克、硫黄粉 2～3 千克、食用盐和面粉各 0.5 千克和少量植物油，加水 100 千克调制，进行树干涂白，高度可在离地面 1 米以下范围内进行较为适宜。④幼树（苗圃）覆盖和培土。在冻前用土将幼苗全部培上或培至根颈部以上，有条件的在冻前用塑料膜或草帘等物覆盖幼树，冻后立即揭开，以免造成大量落叶。⑤大树包干和培土。

树干涂白　　　　　　幼树塑料膜包扎

幼树稻草包扎　　　　　树盘覆盖

根颈部培土　　　　　清除树上积雪

提前准备秸秆和杂草，冻前进行包干处理或用秸秆杂草覆盖树盘或进行树盘培土 30 厘米以上。⑥及时清除树上积雪。雪后及时摇落树上积雪，以免积雪压断树枝，减轻树体损伤和冻害。

**柑橘生长对环境条件的要求**：①温度。柑橘是热带、亚热带果树，最适宜的生长温度为 26℃左右，在 23～34℃范围内均适宜生长，停止生长的温度为 12.8℃，最高温度为 38℃左右，能忍耐极端低温－9℃左右。②光照。柑橘是短日照果树，较耐阴，光照过强或过弱均不利于生长结果，以年日照 1200～1500 小时最适宜。③水分。正常生长以年降雨量 1000～1500 毫米，空气相对湿度 75%～80%，土壤相对黄水量 60%～80%为宜。

**11月**

**下旬**

## 生育进程

小（大）麦：苗期至分蘖期　　油菜：苗期　　蔬菜：夏播蔬菜采收期，秋播蔬菜苗期

## 旬气象条件

| 气象站点 | | 武汉 | 黄冈 | 荆州 | 襄阳 | 宜昌 | 恩施 |
|---|---|---|---|---|---|---|---|
| 纬度 | | 30°37′ | 30°26′ | 30°21′ | 32°2′ | 30°42′ | 30°17′ |
| 经度 | | 114°8′ | 114°54′ | 112°9′ | 112°10′ | 111°18′ | 109°28′ |
| 平均气温(℃) | | 9.8 | 10.3 | 10 | 8.8 | 10.7 | 10.2 |
| 极端高温 | 温度(℃) | 25.7 | 26.7 | 23.2 | 22.6 | 24.4 | 22.5 |
| | 出现日期 | 1968-11-25 | 1960-11-21 | 1968-11-25 | 1998-11-21 | 1964-11-23 | 2016-11-21 |
| 极端低温 | 温度(℃) | −7.1 | −2.8 | −3 | −3.8 | −0.9 | −0.4 |
| | 出现日期 | 1971-11-30 | 1987-11-29 | 1975-11-23 | 1960-11-27 | 1975-11-23 | 1956-11-26 |
| 旬日照(小时) | | 43.3 | 47 | 37.4 | 42.4 | 32 | 18.9 |
| 降水量(毫米) | | 13.9 | 14.1 | 12.4 | 6.6 | 8.5 | 11.9 |

## 农时节气　小雪

　　每年阳历的 11 月 20—23 日，太阳到达黄经 240°时为"小雪"节气。此时黄河流域气温急剧下降而开始降雪，所以叫小雪。由于天空中的阳气上升，地中的阴气下降，导致天地不通，阴阳不交，所以万物失去生机，天地闭塞而转入严寒的冬天。

　　小雪农事：越冬作物田间管理，清理田内"三沟"，弱苗追肥等。

## 农业科技

　　稻虾共作稻田选择与建设：①田块选择。稻虾共作稻田首选低洼、低产、低效的水田；要求阳光充足，生态环境良好，远离污染，水源充足、水质清澈，排灌方便，土壤质地为黏性的壤土，不受涝灾的田块；地下水位低、沙性土壤、不保水的漏水田，水资源不充足的田块不适合进行稻虾共作；面积大小不限，一般以 50

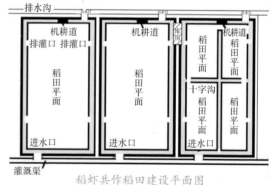

稻虾共作稻田建设平面图

亩为一个单元为宜。②虾沟开挖。可采用环形或"U"形环沟;沿稻田田埂内缘向稻田内 1～2 米处开挖环形沟,沟宽 3～4 米,沟深 1～1.5 米,用挖沟的土加高加宽外埂,一般高于田面 1～1.5 米,顶部宽 2～3 米,压实防坍塌;虾沟与稻

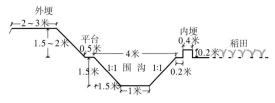

稻虾共作稻田围沟开挖剖面图

田边筑起宽 40～50 厘米、高 20～30 厘米的内埂;稻田面积达到 50 亩以上的,还要在田中间开挖"一"字形或"十"字形田间沟,沟宽 1～2 米,沟深 0.8m,坡比 1∶1.5。③排灌设置。进、排水口分别位于稻田两端,进水渠道建在稻田一端的田埂上,排水口建在稻田另一端环形沟的低处。④防逃设施。进、排水口的防逃网应为8孔/厘米(相当于 20 目)的网片,外埂内侧的防逃网可用光滑的黑油布、玻璃板、石棉瓦等材料,防逃网高 40 厘米。

表 4-11 2016—2020 年湖北省稻虾生产情况

| 年份 | 2016 | 2017 | 2018 | 2019 | 2020 |
|---|---|---|---|---|---|
| 稻虾面积(万亩) | 352.7 | 416.8 | 571.0 | 683.4 | 713.0 |
| 小龙虾产量(万吨) | 48.9 | 63.0 | 81.2 | 92.5 | 98.0 |
| 总产值(亿元) | 723.3 | 851.8 | 1001.0 | 913.0 | 854.8 |

表 4-12 全国茶叶主产省茶叶生产情况

| 地区 | 2000 年 | | | 2019 年 | | |
|---|---|---|---|---|---|---|
| | 面积(万亩) | 总产量(万吨) | 单产(千克/亩) | 面积(万亩) | 总产量(万吨) | 单产(千克/亩) |
| 全国 | 1319 | 68.3 | 51.7 | 3705 | 278 | 75.1 |
| 浙江 | 168 | 11.6 | 69.1 | 274 | 18 | 65.6 |
| 安徽 | 140 | 4.5 | 32.3 | 249 | 12 | 48.2 |
| 福建 | 165 | 12.6 | 76.3 | 305 | 44 | 144.5 |
| 江西 | 61 | 1.6 | 26.0 | 128 | 7 | 54.9 |
| 湖北 | 136 | 6.4 | 47.4 | 397 | 35 | 88.1 |
| 湖南 | 93 | 5.7 | 61.3 | 197 | 23 | 117.1 |
| 广东 | 53 | 4.2 | 80.0 | 87 | 11 | 126.5 |
| 广西 | 31 | 1.8 | 57.1 | 101 | 8 | 79.6 |
| 四川 | 96 | 5.5 | 57.3 | 443 | 33 | 74.6 |
| 贵州 | 49 | 1.8 | 36.3 | 469 | 20 | 42.6 |
| 云南 | 212 | 7.9 | 37.3 | 625 | 44 | 70.3 |
| 陕西 | 30 | 0.6 | 20.0 | 154 | 8 | 51.8 |

注:面积为采摘面积。

资料来源:2000 年中国农业统计资料,2020 年中国农村统计年鉴。

# 第五章 冬季农业自然灾害防抗技术

按照阳历划分,冬季是从12月至翌年2月。此期间冬季风随着西伯利亚冷空气的入侵,湖北省从北向南逐步迈入冬季。冬季是一年之中气温最低的时期,空气异常干燥。

## 第一节 冬季农业自然灾害种类

湖北省冬季常出现的灾害性天气,主要是寒潮带来的低温雨雪冰冻,是由于温度过低,常伴随雨雪天气,造成地表、植物或生产生活设施表面的水分冷却冻结成冰引发的灾害,主要由强冷空气南下引发的寒潮天气造成。一般包括冻害、雪灾、冻雨(雨凇)、雾凇等,经常这几种灾害同时出现,形成低温雨雪冰冻综合灾害。

历史上出现严重低温冰冻灾害的年份有1954年12月至1955年1月、1957年1—2月、1964年2月、1969年1—2月、1977年1—2月、1984年1月、2008年1月中下旬等。

### 一、寒潮

#### (一)寒潮的形成因素

寒潮是冬季的一种灾害性天气。寒潮的形成,是由于北极和西伯利亚一带的气温低,大气的密度就变大大增加,空气不断收缩下沉,使气压增高,这样便形成一个势力强大、深厚、宽广的冷高压气团,当这个冷性高压势力增强到一定程度时,就会像决了堤的海潮一样,一泻千里,汹涌澎湃地奔向低纬度地区,这就是寒潮。

寒潮所侵袭的地区,在短期内气温急剧下降,伴有强风,并常有雨雪。冷峰过后,天气晴朗,风力微弱,常出现冰冻或霜冻。

寒潮一般多发生在秋末、冬季、初春时节。我国气象部门规定,冷空气侵入造成的降温,一天内达到10℃以上,而且最低气温在5℃以下,则此冷空气过程为一次寒潮过程。并不是每一次冷空气南下都称为寒潮。

#### (二)寒潮发生的概率

湖北省寒潮过程每年均有发生,以鄂东和鄂东南发生频率最高,约2年三遇,鄂中丘陵、江汉平原约1年一遇,鄂西山区2~3年一遇(图5-1)。年内分布上,以11月出现频率最高,其次是3月,最早出现是1962年10月15日,最迟出现在1968年4月25日。寒潮过程较重的年份有1962年、1966年、1969年、1970年、1979年、1992年和2016年。近57年来寒潮过程有明显减少趋势。

### 二、雨凇

#### (一)雨凇的形成与危害

雨凇是指超冷却的降水碰到温度等于或低于零摄氏度的物体表面时,所形成的透明或无光泽的表面粗糙的冰覆盖层，俗称冰凌。形成雨凇的雨被称为冻雨。

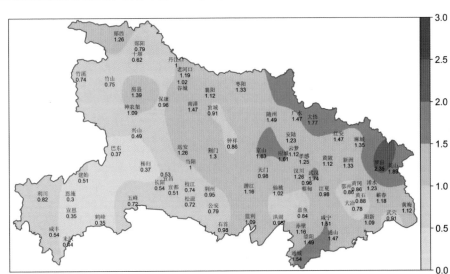

图 5-1　1961—2017 年湖北省各地年平均寒潮过程数空间分布图（天）

雨凇是一种灾害性天气，破坏性强。雨凇是边降雨边冻凌，能立即黏附在裸露物的外表而不流失，形成越来越厚的坚实冰层，从而使农作物负重加大，严重的雨凇会压断植株；坚硬的冰层使覆盖在下面的庄稼糜烂；冻死早春播种的作物幼苗，冻伤果树。

**（二）雨凇发生的频率**

1961—2017 年，湖北省平均年雨凇日数呈显著减少趋势，为 10 年减少 0.3 天。在雨凇日数空间上表现为中部多东部少。全省大部地区平均年雨凇日数在 1.5 天以下，江汉平原中部、鄂西南西部在 2.0～2.5 天，鄂西部分地区未出现过雨凇（图 5-2）。

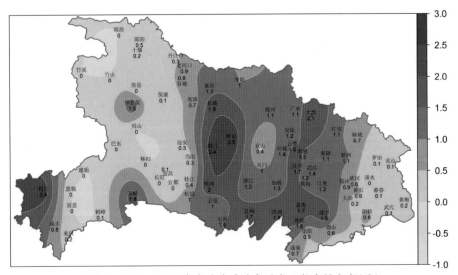

图 5-2　1961—2017 年湖北省平均年雨凇日数空间分布（天）

### 三、低温冷害

#### (一) 低温冷害的形成与危害

低温冷害,就是指气温低于作物某生育期的生物学零度的天气条件。温度在0℃以上,有时甚至是在20℃左右时,引起农作物的生育期延迟,或使生殖器官的生理功能受到损害,造成农业减产的一种气象灾害。由于环境温度低于该生育期的生物学零度,所以人们又称为低温冷害。农作物每一生育时期都要求具有一定范围的温度,即最低温度、最适温度、最高温度,最适温度是农作物生长发育迅速而良好的条件,而最高温度、最低温度则是停止生长发育,但仍能维持其生命活动的临界高温或低温,这个临界低温就称为某一生育期的生物学零度。

低温冷害对农作物生理的主要影响:①降低光合作用。如以各种作物在24℃条件下的光合作用强度为100%计,在12℃条件下玉米的光合作用强度则为62%,高粱为74%,水稻为81%,大豆为85%。②减少根系对养分的吸收。在24℃条件下作物根系对养分的吸收以100%计,在12℃时,水稻对氮的吸收为87%,磷为55%,钾为70%。③影响养分的运转。低温能妨碍光合产物和矿物质营养向生长器官输送,使正在生长的植物器官因养分不足而瘦小、退化或死亡;在幼穗伸长期,茎秆向穗部输送养分受阻,花药组织向花粉输送碳水化合物不正常,会妨碍花粉的充实和花药的正常开裂、散粉。灌浆过程中,低温不仅降低光合作用,碳水化合物的合成减少,并且阻碍光合产物向穗部输送。

#### (二) 低温冷害类型特征

冷害因低温侵袭的时期不同而发生不同的危害。如水稻一般分为延迟型冷害、障碍型冷害、兼发性冷害三类。

### 四、冻害

#### (一) 冻害的形成

冻害系指越冬作物遇到0℃以下强烈低温或剧烈变温,引起植株冰冻而丧失一切生理活动,造成植株体部分枯萎或死亡的一种农业气象灾害。

0℃以下低温,可以降低膜的活性,引起膜相变化,由液晶态变为凝胶态,使细胞膜的体型和厚度减缩而出现破损。当植物细胞结冰时,首先是质膜失去半透性,造成大量电解质和非电解质向细胞外渗漏,结冰伤害了质膜透性。

#### (二) 冻害的症状

1. 细胞内结冰产生的直接伤害

当出现强低温时,植物组织产生冻结,细胞水分来不及外渗,在胞内结冰。这时细胞表面变黑,胞内冰粒很小,分散于原生质中,使层膜结构遭到严重破坏,造成细胞死亡;同时,冰晶对细胞膜系统层产生机械损伤,也能引起细胞死亡。

2. 细胞外结冰造成的伤害

植物组织内的温度逐渐下降时,首先是细胞间隙结冰,称为胞外结冰。细胞间隙中形成的冰晶,随着温度持续降低而增多、增大,结冰的大部分水分是由细胞内部的液泡及原生质里外渗出来的。当细胞间隙中的冰晶挤压力超过一定限度,使原生质的层膜结构和细胞壁遭到破坏。

## 五、霜冻害

霜冻系指在温暖季节里,土壤表面或植物表面的温度下降到足以引起植物遭到伤害或者死亡的短时间的低温冻害。霜冻是植物受冻致害现象。当发生霜冻时,如果空气中水汽含量少,可能不出现白霜的霜冻,一般称为"黑霜"或"杀霜"。

**(一) 霜冻的类型**

1. 根据霜冻发生的时期,可分为早霜冻和晚霜冻两种

(1) 早霜冻。由温暖季节向寒冷季节过渡时期发生的霜冻。发生在一年里有霜危害的早期,随着时间推移,发生频率逐步提高,强度加大。在湖北常发生在冬季,危害越冬作物小麦、油菜、蔬菜和常绿果树等。

(2) 晚霜冻。由寒冷季节向温暖季节过渡时期发生的霜冻。发生在一年里有霜冻危害的晚期,随着时间推移,发生频率逐渐减小,强度减弱。主要危害越冬作物。

2. 按霜冻形成的原因,又可分为 3 种类型

(1) 平流型霜冻。是由于出现强烈冷平流天气,引起剧烈降温而发生的霜冻。通常是一次强冷空气或寒潮爆发,低于 0℃ 的冷空气从北部地区流入该地区而产生的,发生时伴随强风,又称之为"风霜"。

(2) 辐射型霜冻。在晴朗的夜晚,植物表面强烈辐射降温而发生的霜冻。一般出现在冷性高气压的控制下,白天最高气温可达零上十几摄氏度,夜间晴朗无风,空气比较干燥,辐射散热条件很好,温度迅速下降,在下半夜或日出前植物叶温降到 0℃ 以下而受害,有称之为"静霜"或"晴霜"。

(3) 平流辐射型霜冻。冷平流和辐射冷却共同作用下发生的霜冻。一般是先有冷空气入侵,温度明显下降,到夜晚天空转晴,风速减小,辐射散热很强,植物体温进一步降低而发生霜冻。这种霜冻出现的次数多、影响范围大,可以发生在日平均气温较高的暖和天气之后。

**(二) 霜冻危害症状**

1. 细胞间隙结冰

温度下降到 0℃ 时,细胞间隙中的水分形成冰晶,细胞内原生质与液泡逐渐脱水,冰晶不断扩大,对细胞壁产生机械压力,当脱水和机械压力超过一定限度时,原生质就会发生不可逆的凝固,使细胞致死。

2. 细胞内结冰

温度继续下降,出现胞内结冰,引起原生质凝固致死。

3. 失水干死

解冻时温度上升太快,细胞间隙中的冰融化成的水,还没有来得及被原生质吸回就很快蒸发,原生质因失水使植物干死。

## 第二节　冬季农业自然灾害防抗技术

### 一、小麦冬季防灾减灾技术

小麦苗期生长的起点温度 3℃以上,适宜温度 4～8℃,极端最低气温−8℃,无明显冻害,土壤相对湿度 60%～80%,无严重冻害。湖北省冬季多数时间,气温都在 3℃以上,小麦基本上处于缓慢生长阶段。若遇突然寒潮、大风、雪灾冰冻天气,会造成麦苗冻害。

**(一) 麦苗冻害症状**

麦苗越冬生长期间,遇到强烈低温或剧烈变温常造成麦苗冻害。轻度冻害时,麦苗基部叶片或叶尖受冻呈水烫样软熟状,干后青枯;中度冻害时,麦株主茎和大分蘖的幼穗受冻死亡,其他分蘖受冻较轻能正常抽穗结实,但穗粒数减少;重度冻害时,主茎和分蘖苗的幼穗及心叶冻死,茎叶青枯成蓝绿色,茎秆、幼穗皱缩,随着冻伤的累积而逐渐死亡。

**(二) 麦苗防冻抗灾技术**

1. 选用抗寒性品种

依据当地气候条件,地形地貌,选用抗寒性强的品种。湖北省北部地区、山区、阴坡地等,宜选用半冬性品种。

2. 提高播种质量

适期播种,鄂北地区 10 月 20 日前后抢墒播种,鄂中丘陵及平原地区 10 月下旬播种,长江沿岸地区 11 月上旬播种。播种深度 3～5 厘米,预防冬季分蘖节冻害。

3. 搞好促控管理

(1) 对弱苗增施腊肥防冻。1 月是湖北省一年中天气最冷的时段,要根据麦苗生长情况,每亩施农家肥 1000 千克,尿素 3～4 千克,促弱转壮。

(2) 对长势旺或密度大的麦田化调。喷施多效唑,控制茎叶生长,促进分蘖和根系生长,培育越冬壮苗。

4. 受冻麦田补救

受冻麦苗,要及时追肥,促进分蘖苗生长成穗,根据受冻程度每亩追施尿素 5～8 千克,水源方便的可进行厢沟窖灌浇水,补救效果更好。

### 二、油菜冬季防灾减灾技术

油菜是湖北省的主要油料作物,常年种植面积 1700 万亩左右,遍布全省乡村。9 月中下旬播种,整个冬季都是苗期阶段,一般从出苗至开始花芽分化为苗前期,主要是生长根系、缩茎、叶片等营养器官的时期,为营养生长期;苗后期营养生长仍占绝对优势,主根膨大,壮苗早发,分化较多的有效花芽,安全越冬。苗期适宜温度为 10～20℃,遇短期 0℃以下低温不致受冻,但若持续时间长易受冻害。

**（一）油菜冻害症状**

油菜冬季冻害，是越冬期低温引起的幼苗、根受冻害，冻害的主要表现如下：

1. 叶片受冻

是油菜受冻最普遍的现象。当气温下降至 $-3\sim-5℃$ 时，叶片的细胞间隙和细胞内部结冰，细胞失水，叶片会出现冻伤斑块，呈现苍白和枯黄。

2. 根拔

当播种或移栽过迟，整地质量差，且土壤水分较多时，瘦小或扎根不深的油菜苗，若遇夜晚 $-5\sim-7℃$ 的低温，土壤便会结冰膨胀，土层抬起并带起油菜根系；待白天气温上升，冻土融化下沉时根系便被扯断形成根拔外露，再遇冷风日晒，则造成大量死苗。

3. 蕾薹受冻

油菜抽薹后抗寒力下降，遇到 0℃ 以下低温则易受冻。蕾受冻呈黄红色而后枯死。薹受冻初期呈水烫状，嫩薹弯曲下垂，进而破裂，下垂的嫩薹，轻者可恢复生长，重者折断枯死。

**（二）油菜防冻抗灾技术**

1. 选用抗寒品种

因地制宜选用迟熟或中熟甘蓝型品种，冬季营养生长期长，抗寒性能强。

2. 适期适量播种

一般鄂北地区在 9 月中下旬播种，长江流域 9 月下旬至 10 月上旬播种；每亩均匀播种 300 克种子，秋季定苗 2 万～2.5 万苗，密度大容易出现早薹，冬季受冻害。

3. 及时进行调控

苗期喷多效唑等调控，油菜苗 5～6 片叶，使用 15％多效唑 150 克对水 40 千克，均匀喷施，可增强油菜苗抗寒能力；对早抽薹的，及时摘除主薹，预防冻害，促进分枝早生快发。

4. 追施速效肥料

对受冻油菜田，每亩追施尿素 5～8 千克，促进分枝早生快发，弥补冻害损失。

5. 清除受冻叶片

对冻伤的叶片，要人工清除田外。

## 三、蔬菜冬季防灾减灾技术

湖北省是全国蔬菜主产区之一，2019 年蔬菜种植面积 1887 万亩，居全国主产省区第九位，有 20 多个县市区蔬菜种植面积达 30 万亩以上。

**（一）冬季蔬菜种类与生育期**

1. 根菜类蔬菜

有白萝卜、胡萝卜。白萝卜：冬萝卜一般 10—12 月处于肉质根膨大期和采收期；春萝卜 10 月播种，冬季处于苗期和大田生长期，翌年 2—3 月采收。

2. 白菜类蔬菜

有小白菜、大白菜等。大白菜 10 月为莲座期和结球期，11 月至翌年为采收期。

3. 甘蓝类蔬菜

有结球甘蓝、花椰菜、青花菜等。①结球甘蓝。秋冬甘蓝10月中旬至翌年2月上旬为大田生长与成熟采收期;春甘蓝10月中下旬播种,11月下旬至翌年1月下旬定植。②花椰菜。秋季栽培10月处于莲座期和花球生长期,11—12月成熟采收;冬季栽培10月为莲座期,11—12月为花球生长期,翌年1—2月为花球采收期。③青花菜。8—9月播种育苗,中熟品种10月下旬处于坏莲座期,11月为花球生长期,12月至翌年1月为花球采收期;晚熟品种10月定植,10月下旬—12月上旬为长坏莲座期,12月中旬至翌年1月下旬为花球生长期,2—3月为花球采收期。

4. 芥菜类蔬菜

(1)雪菜。冬雪菜9月下旬定植,10月为大田生长期,11—12月采收;春雪菜9月底至10月初播种,11月上中旬移栽,3月下旬收获。

(2)榨菜。冬榨菜9月上旬播种,9月底前处于苗期和移栽定植期,11月为瘤茎膨大期,12月为采收期;春榨菜9月底至10月初播种,10月为苗期,11月上中旬移栽,1月中旬至2月初为瘤茎膨大期,3月为采收期。

5. 绿叶菜类蔬菜

(1)莴苣。10月中旬播种育苗,11月中旬移栽大棚内,1月大田生长期,2月中旬前后肉质茎膨大,3月为成熟采收期。

(2)芹菜。大棚冬季栽培,10月处于秧苗期,12月后开始收获。

(3)茼蒿。大棚栽培,9—10月播种,11洞为侧枝旺盛生长期,12月至翌年2月为采收期。

6. 葱蒜类蔬菜

(1)葱。四季小葱10—11月分期分批播种育苗,翌年1—3月处于大田生长和采收期。

(2)大葱9—10月播种育苗,12月至翌年2月处于大田生长期和采收期。

7. 茄果类蔬菜

番茄、茄子、辣椒冬春季大棚栽培,12月播种育苗,2月下旬至3月上旬定植。

8. 瓜类蔬菜

西瓜、甜瓜、黄瓜等,冬春季大棚栽培,12月至翌年2月上旬播种育苗,2月下旬至3月移栽。

9. 豆类蔬菜

蚕豆、豌豆:10月播种,11月至翌年2月为分枝生长期,3月开花,4月结荚。

10. 薯类蔬菜

冬播马铃薯,地膜覆盖栽培,12月至翌年1月播种,2月发芽,3—4月团棵,4月下旬至5月中旬收获。

11. 草莓

大棚栽培,9—10月定植,10月中旬至11月处于花芽分化和花序抽生期,12月上旬至翌年3月一直处于开花结果和成熟采收期。

**(二)低温冷害对冬季蔬菜的影响**

1. 影响蔬菜正常播种育苗

晚秋和冬春季节,正值茄果类、瓜类等蔬菜播种育苗或移栽季节,常受寒潮、雨雪冰冻频发的影响,造成蔬菜不能正常播种育苗和移栽,引起季节推迟,或烂种烂芽、僵苗死苗,出苗率低。

**2. 蔬菜秧苗素质差**

持续低温,往往造成蔬菜不能正常生长发育,植株瘦弱,生育进程推迟,落花落荚(果)、畸形果实多,产量品质下降,严重的造成秧苗、营养体(茎叶、植株)、花序及果实(花球)冻害,甚至死亡;降雨雪过多,造成田间淹水渍害,蔬菜瓜果根系生长不良,沤根,甚至植株死亡;大风天气,造成棚膜撕裂,揭翻棚架设施,降雪压塌棚架,加重冷冻灾害。

**3. 蔬菜生长发育异常**

低温冷冻,往往造成露地甘蓝、花椰菜、青花菜(西蓝花)等,过早通过春化、抽薹,严重影响产量和品质。

**4. 蔬菜病害加重**

寒潮期间,多阴雨寡照,往往田间郁闭重、湿度大,造成灰霉病、白粉病、菌核病等多种病害发生和蔓延。

### (三) 蔬菜防冻抗灾技术

#### 1. 做好防寒保温的抗灾准备

备好棚膜、无纺布、电加温线、白炽灯等增温保温补光材料,寒潮来临前露地蔬菜覆盖稻草、遮阳网等保温材料。及时疏通沟渠,确保排水通畅,并降低地下水位。加固棚架设施,密闭大棚,减轻大风影响,以避免、减轻对蔬菜造成间接伤害。准备抗灾种子、化肥、农药等抗灾救灾物资。

#### 2. 抢季节组织采收

根据天气预报,抢在寒潮来袭之前,对基本成熟的番茄、茄子、青菜、花椰菜、青花菜等蔬菜,抓紧采收上市或进保鲜库贮存,减少寒潮低温冷害的损失。

#### 3. 推迟播种育苗或移栽

根据不同作物类型和品种特性,适当推迟蔬菜播种育苗或移栽定植时间,尽可能降低寒潮低温的影响,待寒潮过后,抢在"冷尾暖头"抓紧播种或移栽。

#### 4. 增强植株抗寒能力

(1) 低温锻炼。预先给予植株适当的低温锻炼,如番茄苗移出温室前经过 $1\sim2$ 天 $10℃$ 处理,栽后即可抵抗 $5℃$ 左右的低温;黄瓜苗经过 $10℃$ 锻炼,即可抗 $3\sim5℃$ 低温。

(2) 化学诱导。喷施化学诱导剂,诱导植株提高抗寒性,如瓜类叶面喷施细胞分裂素、脱落酸等激素。

(3) 调节氮磷钾的比例。增施磷钾肥,能明显提高植株抗寒害能力。

#### 5. 保温增温

采取大棚膜、中棚膜、小拱棚膜等多层覆盖方式,寒潮期间放下围裙、密闭棚门保温。温度过低时在小拱棚或中棚外加盖草帘、无纺布等保温材料,必要时在大棚内临时打开白炽灯等进行增温。育苗棚内苗床铺设电加热线,接通电源进行增温。露地蔬菜在植株上部覆盖稻草、遮阳网等保温材料。花椰菜、西蓝花等,可折外叶覆盖在花球上,能起到较好的减灾作用。

**6. 加固大棚**

寒潮期间,风雨或降雪较大,对大棚设施有较大影响时,要及时采用增加棚内支撑杆、拉紧压膜绳(带)等措施加固,避免大棚揭翻、大雪压塌。

**7. 除雪排水**

若降雨雪较大、持续时间较长,要及时疏通田间沟渠,确保排水通畅,严防田间积水、明涝暗渍,加重灾害损失。及时清除大棚上积雪,将雪堆放在大棚膜外侧,以免融雪时吸收大棚内热量,加重灾害影响。

**8. 抢收减损**

对低温冻伤不大、尚有利用价值的蔬菜,或可能造成受冻损失的蔬菜,抓紧抢收上市或进库贮存,最大限度减少灾害损失。

**9. 抢时补播改种**

寒潮过后,对受灾损害严重、绝收的蔬菜地块,抢在"冷尾暖头"进行补种育苗、大田移栽,或改种其他蔬菜品种。

## 四、茶叶冬季防灾减灾技术

### (一) 茶叶冻害的发生

湖北省 2020 年茶园面积 537.6 万亩,其中采摘面积 410.9 万亩,茶叶总产量 36.1 万吨,其中绿茶产量 25.6 万吨,红茶产量 4.2 万吨,黑茶产量 5.4 万吨。分布在全省丘陵山区,茶叶已成为一大经济作物和农业特色产业。

随着茶叶面积和种植区域的扩大,以及品种逐渐"同质化",茶叶自然灾害明显增多,损失明显加大。其中较为突出的致灾类型有低温冻害。

低温冻害包括极端的低温冻害和倒春寒造成的低温冻害,是发生频率较高、对茶叶威胁最大的自然灾害。

极端的低温冻害是指因极端的低温天气对茶树造成的伤害,主要发生在冬春季。一般情况下,气温降至−5℃以下,持续时间过长,即会对茶树造成伤害。特别是易受冻的区域和地块,以及抗寒能力较弱大叶种和新栽的无性系茶苗,更易出现冻害。当气温降至−7℃甚至−10℃以下时,较短时间即会对大部分茶树造成明显冻害。茶树受冻后,成龄茶园轻者叶片变色、枯萎,重者能将上部枝条甚至主干冻伤,导致树冠绿叶层大量枯死。极端低温能将幼龄茶苗根部冻伤,造成茶苗死亡。春季茶树萌芽后遭遇极端低温天气,可将嫩芽冻死冻伤,造成当年严重减产减收。另外,冬春季持续干旱,土壤过于干燥,或环境过于阴冷、土壤湿度过大,都会使冻害加重。在阴冷潮湿的环境下,表层土壤被冻结后,在冻融交替过程中会产生"凌拔"现象,将茶苗从根部拔起,造成茶苗集体死亡。

2008 年 2 月上旬和下旬,连续两次遭遇低温冰雪天气,局部暴雪,平均积雪厚度达 25 厘米,最高达 40 厘米,平均气温降至−2℃左右,局部地区最低温度降至−6℃以下。整个低温冰冻降雪天气持续时间之长、温度之低,为近 50 年所罕见。大面积在田农作物受冻,特别是海拔较高、阴冷潮湿、易遭寒风袭击的茶园受冻严重。低温过后,不少茶树不仅上部枝叶被冻死,甚至有的骨干枝也被冻死,天气转晴后茶园一片枯黄,用火机一点就燃,春茶损失严重。当年全省开始实施"茶叶冰雪灾害恢复项目",建设茶树良繁基地。

### (二)茶叶防冻抗灾技术

#### 1. 选择耐寒抗冻品种

茶树种类与品种不同、种植方式不同,耐寒抗冻能力差异较大。一般情况下,晚生品种比极早生品种(如乌牛早、龙井 13)抗冻性强,小叶品种比大叶品种抗冻性强,本地茶种比从南方地区引进的茶种抗冻性强,茶籽直播建设的有性茶园比茶苗移栽建设的无性系茶园耐寒抗冻能力更强。在易遭低温冻害的区域或地块建设茶园,必须选择耐寒抗冻能力较强的茶树种类与品种,并采取直播方式建园。

#### 2. 选择不易受冻的区域和地块

山区立体气候明显,小气候复杂,不同海拔与地形、坡向、地块,温度差异很大,遭遇低温时对茶树的危害程度也差异很大。为避免茶园冻害,应选择在温度适宜的二高山和半山腰逆温层作为主要建园区域,高山建园需选择坐北朝南的向阳坡地,低山建园需选择半阴半阳、光照适中地块。另外,在建园时还需避开冷空气易于沉积的低洼地带、山谷中冷空气过道和阴冷潮湿的地块。

#### 3. 改善立地条件,提高建园质量

立地条件差,建园质量差,也是茶树容易受冻的重要原因。要增强茶树抗冻能力,除选择适宜海拔和有利地形外,还应选择在坡度平缓、土层深厚、土质疏松肥沃,土壤有机质含量高,pH 值中性至微酸性的地块建园。建园时要坚持高标准抽槽换土、施足底肥、分层回填、起垄栽植,诱导茶树根系向下深扎,增强抗逆能力。另外,在建园时要有意识地保留部分原有杂灌树木,同时在茶园主干道、作业道及沟渠两旁栽植速生树种,在易遭寒潮侵袭的迎风口营造防护林带,以改善茶园小气候条件,减轻寒流对茶树造成的危害。新建无性系茶园,栽苗时采取地膜覆盖,对减轻低温冻害、提高茶苗成活率、促进茶苗生长有显著作用。

#### 4. 培育健壮茶树,增强抗冻能力

茶树生长健壮,则抗冻能力强,冻后恢复快;茶苗小、茶树弱,则抗冻能力差,容易遭受冻害。因此,防止茶园受冻,要在培养健壮茶树、增强其自身抗寒能力上下功夫,防冻的重点应放在小苗、弱苗上。一要合理密植,为每株茶树健壮生长留足空间。二要科学施肥,尤其要抓好茶园秋季追肥,增施能够增强保温、抗寒能力的有机肥和磷钾肥,为茶树健壮生长、安全越冬提供充足养分。三要适时修剪,将成龄茶树茶蓬高度控制在 70 厘米左右,防止因茶树过高受冻。四要适时封园,一般秋茶在"处暑"至"白露"停采,使秋季叶片充分成熟,积累足够养分,增强抗冻能力。

#### 5. 抓好低温来临前预防工作

事前预防可有效减轻茶园冻害,其具体措施:一是结合秋季施肥,对茶园实施深耕,对茶行实施培土。二是持续干旱年份要设法抗旱,增加土壤湿度与热容量,防止茶树根部受冻。三是土壤

封冻前,用农作物秸秆或茶园周边的柴草、修剪下来的茶树枝叶等覆盖茶行间土壤,亩用量2000千克左右。也可用地膜覆盖提高土壤温度,在防寒防冻同时还可起到保墒防旱、抑制杂草、改良土壤作用。四是在低温来临前,用无纺布、遮阳网、稻草等直接覆盖在茶篷面上。对幼龄茶树,可将整株覆盖严实,待气温回升后再将其撤除,防止茶苗受冻。五是对幼龄茶园,冬季行间套种蚕豆、豌豆、萝卜、菜薹等作物阻挡寒风,可减轻幼龄茶树受冻。六是在风口搭设防风障,减轻寒风对茶树的直接袭击。

### 6. 寒潮期间采取应急措施

寒潮来临时,需密切关注天气预报情况,并采取积极应对措施。一是熏烟。在寒潮来临前准备好谷壳、锯末、草皮以及晒干的土杂粪等易燃物,将其根据风向和地势分散堆放在茶园内。气温骤降时,选无风、晴朗、预计有霜冻的夜晚,当气温降至2℃左右时将其全部点燃,使烟雾弥漫于整个茶园,利用烟雾形成的"温室效应",减少夜间茶园热量辐射与散失,减轻寒潮与霜冻对茶树的危害。二是喷肥。抢在低温到来前,用稀释后的沼液、那氏778,或能增强作物抗逆性的叶面肥,对茶树进行叶面喷雾,提高其自身越冬抗寒能力。三是喷水。有喷灌条件的茶园,在有霜的夜间开启喷灌机,连续不断地对茶园实施喷水,直到黎明气温回升后再停止,防止茶树叶片温度下降到冰点以下,减轻茶树冻害。

### 7. 受冻茶园及时补救

对受冻茶园,气温回升后要及时采取补救措施,助其早日恢复生机,减轻灾后损失。一是及时修剪。受冻较轻的茶树宜采取轻修剪,剪后适当留养以恢复树冠;受冻严重的茶树,则必须采取重修剪甚至台刈,然后以养为主、采养结合,促其重新焕发生机,形成新的树冠。二是清沟防渍。雨雪过后对有渍水现象的茶园,要及时疏通沟渠、排出积水,降低土壤湿度,并在墒情适宜时浅耕,使土温尽快升高,早日恢复根系生长。三是加强追肥。早春温度较低时追施氮磷钾三元复合肥、气温回升后追施速效氮肥补充养分,促茶树早日恢复元气。四是及时补苗。对受冻死亡的幼龄茶苗要及时补栽,防止缺苗断垄。

## 五、柑橘冬季防灾减灾技术

湖北省现有柑橘面积349.2万亩,主要分布在宜昌市207.2万亩,十堰市的丹江口市26.5万亩,荆州市的松滋市18.6万亩,恩施州的宣恩县18.2万亩。

### (一)柑橘冻害发生情况

柑橘是热带、亚热带的常绿果树,对冬季低温较落叶果树,苹果、梨、桃更敏感。柑橘冻害,从古至今,在国内外多有发生。其中冻害比较严重的有1954—1955年、1960年、1969年,1976—1977年、1991年、1998—1999年、2008年、2012年、2016年、2018年,特别是2018年为50年难遇的持续低温,雨雪冰冻灾害,使大部分柑橘产区受灾,柑橘受灾面积居种植业的第三位,尤其是主产区2018年1月12日至2月18日遭受连续低温冻害和雨雪冰冻天气袭击,受灾面积大,持续时间长,危害程度重。柑橘冻害分级标准见表5-1。

表 5-1 柑橘冻害分级标准

| 级别 | 树势 | 叶片 | 一年生枝 | 主干 |
|---|---|---|---|---|
| 0 | 基本无损害 | 叶片正常,未因冻害脱落 | 无冻伤 | 无冻害 |
| 1 | 稍有影响 | 25%～50%叶片因冻害脱落 | 个别晚秋梢微有冻伤外,其余均未冻害 | 无冻害 |
| 2 | 有一定影响 | 50%～75%叶片因冻害脱落 | 少数秋梢微有冻害 | 无冻害 |
| 3 | 较严重影响 | 75%以上叶片枯死、脱落或缩存 | 秋梢冻枯长度大于枝长,夏梢稍有影响 | 无冻害 |
| 4 | 严重影响,树有死亡可能 | 全部冻伤枯死 | 秋梢、夏梢均死亡 | 部分受冻害,腋芽冻死 |
| 5 | 死亡 | 全部枯死 | 全部冻死 | 地上部全部冻死 |

**(二) 柑橘冻害成因**

柑橘冻害的因素有很多,国内外气象、园艺果树专家、学者认为,主要是植物学因素和气象学因素。

1. 植物学因素

柑橘冻害的植物学因素包括柑橘的种类、品种、品系、砧木的耐性、树龄大小、肥水管理水平,植株长势、晚秋梢停止生长的迟早、结果量的多少和集采果早晚、有无病虫害及危害程度、晚秋喷施药剂的种类和次数等,均与冻害息息相关。

2. 气象学因素

柑橘冻害的气象学因素最主要的是低温的强度,低温持续的时间;其次是土壤和空气的干湿程度,低温前后的天气状况,低温出现时的风速、风向、光照温度,以及地形、地势等。

**(三) 柑橘防抗冻害技术**

1. 避冻栽培

从宏观考虑,柑橘应竟可能在无冻的区域发展种植,即在柑橘的最适生态区、适宜生态区种植,在次适宜区种植必须具有适种柑橘的小气候条件,实行避冻栽培,采取冻害防止措施。

2. 防冻措施

(1) 选择耐寒品种和耐寒砧木。宽皮柑橘中温州蜜柑、砂糖橘、椪柑、本地早等耐寒性强或较强;甜橙中先锋橙、锦橙、脐橙等抗寒力较强,而夏橙、新会橙等抗寒性较弱。

(2) 加强栽培管理,提高树体抗寒力。①改良土壤。柑橘需要深厚肥沃、疏松、微酸性的土壤,能使植株根深叶茂,生长健壮,具有较强的抗寒力。②合理排灌。柑橘果树喜湿润、怕干旱,但也忌土壤中水分过多,及地下水位高于1～1.5米的橘园,要注意及时排水,尤其是梅雨季节及时排水。适时排灌也能提高柑橘树体的抗寒力,伏、秋、冬干旱应及时灌水,有利植株正常生长;多施有机肥、旱情出现前树盘松土和覆盖,避免肥水促发晚秋梢而受冻,冻前灌水等措施,防止或减轻柑橘的冻害。③科学施肥。早施采果肥,不仅有利恢复树势,有利花芽分化,还有利树体安全越冬。夏橙防冻保果,通常在霜前20天施一次防冻过冬肥,一般1株产果50千克的成年树,施有机肥 20 千克,柑橘专用肥 0.5 千克,挖穴施入与土壤充分拌匀,粗肥施穴底、化肥施上层,施后踏实,可有效防冻保果。④挂果适中。既有利于克服柑橘果树的大小年,又有利于增强树体的抗寒性,生产上常因结果过多,使得树势减弱,抗寒力下降;但是,结果过少,使树梢旺长,不健壮和延后成熟而受冻。可采取疏花疏果,以利增强树势。⑤适当密植。以每亩 120 株较为适宜。不仅可早结果,早受益,而且因较密,树冠与树冠间较密集,防止了热的散发,起到减轻柑橘园冻害的作用。⑥适时控梢。适时控制秋梢,可避免抽生晚秋梢而受冻。可采取控肥,最后,以追肥在立秋前施入,控制氮肥用量,于晚秋梢生长季(10 月上中旬)用生长延缓矮壮素 1000～2000 毫克/千克和氯化钙 1%～2%喷施,可使嫩梢停止生长。⑦培土覆盖。柑橘冻害之地,特别是幼树,常用培土和覆盖树盘的方法防止柑橘植株冻害。培土高度 30～40 厘米,其上覆盖稻草、干草、绿肥则更好。培土时间在 12 月上中旬完成,在芽萌动前将土扒开。霜冻来临前树盘覆盖 15～20 厘米厚的稻草、杂草等,并在其上盖上 5 厘米厚的土。⑧喷药防冻。用石硫合剂喷雾,也可用机油乳剂与 40%乐果乳油混合的 300 倍液喷雾,使农药均匀地附着在叶片上,既提高抗寒力,又兼治病虫害。⑨树干包扎、涂白。柑橘幼树在入冬前用稻草等包扎树干,可起到良好的防冻作用;用塑料薄膜包扎树干,效果更好。用石灰 5 千克加黄泥、或加石硫合剂原液 0.5 千克,盐 0.5 千克,动物油 0.1 千克兑水 20 升制成涂白剂,冬初涂在树干上,对防止主干受冻有一定作用。⑩喷保湿剂。对树冠喷施抑蒸保温剂"六五〇一""OED""上海长风 3 号"等,使柑橘叶片上形成一层分子膜,可抑制叶片水分蒸发而减轻冻害。

3. 冻后救灾

(1)摇落树冠积雪。遇柑橘树冠积雪受压,应及时摇落积雪,以免造成断(裂)树枝;扒离树盘残留冰雪,减轻冰雪融解对根特别是细根、须根的冻害。对已撕裂的枝梗,及时绑固,并在裂口上均匀涂上接蜡,用薄膜包扎,再用细棕绳捆绑,并设立支柱固定或用绳索吊枝固定,松绑应在愈合牢固后进行。

(2)轻冻树保花保果。花果量少,树势较强的可用赤霉素加营养液保果,在花期和谢花后的幼果期喷施 40 毫克/千克浓度的赤霉素加 0.3%尿素、0.2%磷酸二氢钾、硼砂、硫酸钾营养液保花保果。

(3)合理修剪。受冻修剪宜轻,采取株芽为主的方法。不同受冻程度的树,方法有异,对受冻轻、树冠较大的树,除剪去枯枝外,还应剪去荫蔽的内侧枝、细枯枝、密生枝等;对受冻重枝干枯死的树,修剪宜推迟,待春芽抽生后剪去枯死部分,保留成活部分。对重剪树的新梢应做适当的控制和培养,但要防止徒长,以免冬寒前枝叶仍不充实,再次引起冻害;对受冻的小树,在修剪时尽量保留成活枝叶,非剪不可的也宜保春梢长成后再剪除。

(4)施肥促恢复。冻后树体功能显著减弱,肥料要勤施薄施,受 1～2 级冻害的植株,当年发的春梢叶片小而薄,宜在新叶展开后,用 0.3%～0.5%尿素喷施 1～2 次,受冻害 3～4 级的植株发芽较迟,生长停止也较晚,应在 7 月以前看树施肥。幼树发芽较早,及时施肥。

(5)冻后灌水。特别是干冻后,根与树体通常要水,应及时灌水还阳;也有因喷水减轻冻害的,即用清水或 0.3%～0.5%过磷酸钙浸泡液喷施叶片,可减轻冻害。

（6）防治病害。萌芽前喷药清园,喷 45％结晶石硫合剂 200 倍液,冻后易发生树脂病,可在 5—6 月和 9—10 月用浓碱水(碱与水的比例为 1∶4)涂洗 2～3 次,涂前刮除病皮。同时注意螨类为害的防治,以利枝叶正常生长而尽快恢复树势。

# 第三节　冬季作物生育进程与气象条件

🈺**冬季**　按阳历划分冬季是 12 月至翌年 2 月,冬季的六个节气,分别是大雪、冬至、小寒、大寒、立春、雨水。

按照《气候季节划分》,冬季为日平均气温或滑动平均气温小于 10℃的标准,湖北省常年入冬时间为 11 月 23 日(图 5-3)。1961—2017 年,湖北省入冬时间整体呈略有推迟趋势,平均每 10 年推后 0.6 天。最早入冬年为 1969 年 11 月 15 日,最晚入冬年为 1976 年 12 月 19 日。空间上湖北省北部入冬时间早于南部,北部大部地区于 11 月上中旬入冬,其中入冬最早的是鄂西北西部的房县、神农架、竹溪以及鄂西南的利川等地,在 11 月上旬;南部地区大部于 11 月下旬入冬,入冬最晚的是三峡河谷地区的秭归在 12 月初。

湖北省常年冬季长度 108 天,呈现变短趋势,平均每 10 年缩短 2.3 天,最长年为 1969 年 132 天,最短年为 1976 年和 2016 年只有 66 天。

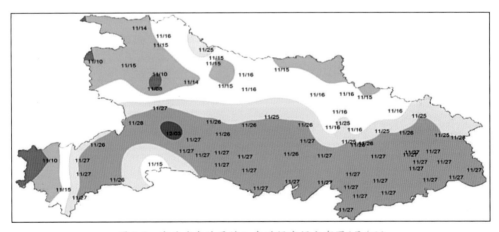

图 5-3　湖北省各地平均入冬时间空间分布图(月/日)

**农业自然灾害救助**:农业自然灾害是指对农、牧渔业生产构成严重威胁、危害和造成重大损失的干旱、洪涝、高温、低温冻害、雪灾、地震、滑坡、泥石流、风雹、台风、风暴潮、寒潮、海冰、草原火灾等。

农业生物灾害主要包括为害农作物、牧草、林木的病、虫、草、鼠害,畜禽疫病及虫害。依据农业自然灾害造成或即将造成的危害程度、发展情况和紧迫性等因素,分为特别重大(Ⅰ级)、重大(Ⅱ级)、较大(Ⅲ级)、一般(Ⅳ级)四个级别。中央财政《农业生产救灾及特大防汛抗旱补助资金管理办法》,各级政府都制定了《自然灾害救助应急预案》。

## 一、12 月农作物生育进程与气象条件

**12月 上旬**

### 生育进程

| | | |
|---|---|---|
| **小（大）麦**：分蘖期 | **油菜**：苗期、菜用摘薹期 | **梨**：落叶期 |
| **桃**：休眠期 | **葡萄**：休眠期 | **柑橘**：进入休眠期 |

### 旬气象条件

| 气象站点 | | 武汉 | 黄冈 | 荆州 | 襄阳 | 宜昌 | 恩施 |
|---|---|---|---|---|---|---|---|
| 纬度 | | 30°37′ | 30°26′ | 30°21′ | 32°2′ | 30°42′ | 30°17′ |
| 经度 | | 114°8′ | 114°54′ | 112°9′ | 112°10′ | 111°18′ | 109°28′ |
| 平均气温（℃） | | 7.6 | 8.1 | 8 | 6.8 | 8.7 | 7.9 |
| 极端高温 | 温度（℃） | 23.3 | 22.5 | 22.8 | 21.7 | 24.6 | 20.4 |
| | 出现日期 | 1955-12-4 | 1968-12-2 | 1955-12-4 | 2010-12-2 | 2010-12-2 | 1968-12-8 |
| 极端低温 | 温度（℃） | −6.6 | −4.3 | −3.4 | −4.3 | −2.7 | −1 |
| | 出现日期 | 1971-12-8 | 1956-12-9 | 1954-12-10 | 1985-12-8 | 1985-12-9 | 1952-12-5 |
| 旬日照（小时） | | 46.2 | 50.2 | 38.5 | 43.9 | 31.7 | 16.7 |
| 降水量（毫米） | | 9.2 | 9.5 | 8.3 | 5 | 5.2 | 9.1 |

（左侧竖排文字：旬气象参数）

### 农时节气 　大雪

　　每年阳历的 12 月 6—8 日，太阳到达黄经 255°时为"大雪"节气。大雪意味着下雪次数增多，雪量增大，天气逐渐寒冷。在农业上有"瑞雪兆丰年"的说法，这主要是说雪铺盖在地上，气温降低，能杀死越冬的虫子，为越冬作物补充水分等，给农业生产带来一定的好处。

　　大雪农事：此时小麦、大麦、蚕（豌）豆、油菜苗进入越冬期，生长缓慢。田间管理上搞好促弱转壮，控旺长防冻害，清理"三沟"防渍害。

### 农业科技

　　优质稻：是具有良好的加工性能和商品外观、易于蒸煮、食味好且营养成分较高的稻米，简单地说就是好种、好看、好销、好吃、营养成分好的稻米。目前我国执行《优质稻谷》国家标准（GB/T17891—2017），以整精米率、垩白度、食味品质为定级指标。直链淀粉含量为限制指标。

籼稻米

粳稻米

表 5-2　优质稻谷质量指标

| 类别 | | 籼稻谷 | | | 粳稻谷 | | |
|---|---|---|---|---|---|---|---|
| 等级 | | 一级 | 二级 | 三级 | 一级 | 二级 | 三级 |
| 整精米率% | 长粒>6.5毫米 | ≥56.0 | ≥50.0 | ≥44.0 | ≥67.0 | ≥61.0 | ≥55.0 |
| | 中粒5.6~6.5毫米 | ≥58.0 | ≥52.0 | ≥46.0 | | | |
| | 短粒<5.6毫米 | ≥60.0 | ≥54.0 | ≥48.0 | | | |
| 垩白度(%) | | ≤2.0 | ≤5.0 | ≤8.0 | ≤2.0 | ≤4.0 | ≤6.0 |
| 食味品质分(%) | | ≥90 | ≥80 | ≥70 | ≥90 | ≥80 | ≥70 |
| 不完善粒含量(%) | | ≤2.0 | ≤3.0 | ≤5.0 | ≤2.0 | ≤3.0 | ≤5.0 |
| 水分(%) | | ≤13.5 | | | ≤14.5 | | |
| 直链淀粉含量(%)(干基) | | 14.0~24.0 | | | 14.0~20.0 | | |
| 异品种率(%) | | ≤3.0 | | | | | |
| 杂质含量(%) | | ≤1.0 | | | | | |
| 谷外糙米含量(%) | | ≤2.0 | | | | | |
| 黄粒米含量(%) | | ≤1.0 | | | | | |
| 色泽气味 | | 正常 | | | | | |

注:垩白:米粒胚乳中的白色不透明部分,包括腹白、心白和背白。

垩白大小:垩白米粒部分的投影面积占该粒投影面积的百分比。

垩白度:垩白米粒的垩白面积总和占试样米粒面积总和的百分比。

直链淀粉含量:试样中直链淀粉占试样的质量分数。

异品种率:试样中粒型、外观与本批次稻谷不同的大谷粒数占试样粒数的百分率。

双低油菜"一菜两用"栽培技术:选用专用的油菜薹品种或双低油菜品种,采取早播、早管、早发壮苗,早生菜薹,在12月至翌年2月上旬,当薹高达到30~35厘米时,摘薹15厘米作蔬菜,同时促进基部一次分枝或二次分枝生长,翌年5月上中旬收获油菜籽的"一种两收"栽培技术。每亩可采摘油菜薹400千克左右,收获油菜籽150千克左右,亩产值2000元以上。是提高油菜生产效益、增加农民收入的一项成熟技术。"一菜两用"品种可选用中油杂19号、中油899等;摘薹专用品种可选用狮山油菜薹、中油高维1号、中油高硒2号等。

摘薹前　　　　　　　摘薹后　　　　　　　收菜薹、菜籽

清炒油菜薹　　　油菜薹炒肉　　　红花绿叶　　　油菜薹下火锅

# 12月 中旬

## 生育进程

**小（大）麦：**分蘖期　　**油菜：**苗期、菜用摘薹期

## 旬气象条件

| 旬气象参数 | 气象站点 | | 武汉 | 黄冈 | 荆州 | 襄阳 | 宜昌 | 恩施 |
|---|---|---|---|---|---|---|---|---|
| | 纬度 | | 30°37′ | 30°26′ | 30°21′ | 32°2′ | 30°42′ | 30°17′ |
| | 经度 | | 114°8′ | 114°54′ | 112°9′ | 112°10′ | 111°18′ | 109°28′ |
| | 平均气温(℃) | | 6.1 | 6.6 | 6.2 | 5 | 7 | 6.6 |
| | 极端高温 | 温度(℃) | 20.5 | 20.5 | 19.6 | 19.2 | 22.3 | 18.2 |
| | | 出现日期 | 1951-12-20 | 1998-12-18 | 1998-12-17 | 1965-12-11 | 1965-12-11 | 1980-12-11 |
| | 极端低温 | 温度(℃) | −7.6 | −5.3 | −6 | −6.7 | −4.5 | −4.7 |
| | | 出现日期 | 1985-12-11 | 1965-12-17 | 1956-12-18 | 1960-12-19 | 1956-12-16 | 1975-12-17 |
| | 旬日照(小时) | | 37.9 | 41.9 | 29.4 | 35.7 | 23.5 | 12.1 |
| | 降水量(毫米) | | 12 | 16.3 | 8.8 | 5.4 | 6.9 | 10.4 |

## 农业科技

**柑橘优质高效栽培集成技术：**该技术以提高柑橘果实品质为目的，集成了柑橘栽培中品种改良、果园改造、生态栽培、绿色防控等优质技术。

成龄橘园间伐改造

技术要点如下：

（1）选用优良品种。因地制宜，以市场为导向，宽皮橘类产区推荐大分4号、鄂柑2号、华柑1号等品种；三峡河谷脐橙产区推荐纽荷尔、红肉、伦晚脐橙等品种。

（2）成龄郁闭橘园改造。对株行间距小、郁闭严重的橘园应进行密度改造，采用疏株（行）间伐方法，使橘园株距不小于3米，行距不小于4米。

果园间作绿肥

（3）土肥水管理。橘园行间取土起垄，高40～60厘米。果园生草，间植三叶草、牧草等绿肥。测土配方施肥，有机肥为主，按需补肥。高温干旱季保墒保水，覆盖10～15厘米麦秆草渣等。

（4）整形修剪。以开心型修剪为主，缓和树势，幼树培养 3～4 个分散的主枝，成龄园实行大枝轻简化修剪，疏除徒长枝，温州蜜柑可采取交替结果技术。

橘园覆膜增糖

果园轨道运输

（5）病虫害绿色防控。冬季清园消毒、树干涂白。春夏柑橘树生长季果园配置频振灯（台/25 亩）、粘虫板（30 张/亩）、捕食螨（1 袋/株）。

（6）果实管理。温州蜜柑成熟前 45 天左右地面覆膜，以减少水分的吸收，促进果实糖分的积累。柚类等采前 60～90 天进行套袋防病虫危害，同时提高外观品质。

（7）农机农艺融合。合理推广应用机械整形修剪和机械采收果实，在山地果园推行轨道运输、水肥一体化、专业植保机械等设施，减少用工及成本。

## 瞭望台

世界农业将呈现六大发展趋势：①"平面式"向"立体式"发展，立体农业、垂直农场等，一座 30 层高的大楼可为 5 万人提供必要的蔬菜、水果、各种肉制品等。②"自然式"向"设施式"发展。现在农场生产都将变成集种植养殖、绿化环境、旅游观光为一体的农业公园，使农业劳动变成一种愉快的体验享受。③"机械化"向"电脑自控化"发展。电子计算机智能化管理模块系统已经被用于农业生产。从种植、施肥、供水、到收获，不需人工操作。④"化学化"向"生物化"发展。以基因工程、细胞工程、酶工程、发酵程和蛋白质工程为代表的现代生物技术发展迅猛。⑤"陆地化"向"海洋化"发展。地球表面积为 5.1 亿平方千米，其中陆地只有 1.5 亿平方千米，约占总面积的 29%，这其中有 89% 的面积不能适宜农业生产。向海洋要生存，已经成为人类的共同命题，发展"海水农业""蓝色革命"，不仅提供更多的鱼虾等水产食物，更为可观的是利用海藻提炼出油料替代柴油等燃料，1 亩海藻可提炼 3 吨油。⑥"地球化"向"太空化"发展。利用宇宙作为育种基地、耕耘农场，成为农业领域最尖端的科学技术。1987 年 8 月 5 日，中国首次将水稻、青椒、大蒜等种子带入太空，至今我国已利用 15 颗返回式卫星和 7 艘神舟飞船，搭载上千种作物种子、试管苗、生物菌种和材料，诱变育成一系列新品种。

立体栽培

多倍体植物

智能设施

卫星遥感

# 12月 下旬

## 生育进程

小（大）麦：分蘖期　　油菜：苗期、菜用摘薹期　　梨：落叶期　　葡萄：休眠期

## 旬气象条件

旬气象参数

| 气象站点 | | 武汉 | 黄冈 | 荆州 | 襄阳 | 宜昌 | 恩施 |
|---|---|---|---|---|---|---|---|
| 纬度 | | 30°37′ | 30°26′ | 30°21′ | 32°2′ | 30°42′ | 30°17′ |
| 经度 | | 114°8′ | 114°54′ | 112°9′ | 112°10′ | 111°18′ | 109°28′ |
| 平均气温（℃） | | 5.1 | 5.6 | 5.4 | 4 | 22.3 | 5.5 |
| 极端高温 | 温度（℃） | 22.5 | 21.2 | 21.1 | 19.6 | 1987-12-27 | 16.3 |
| | 出现日期 | 1987-12-28 | 1987-12-28 | 1987-12-27 | 1987-12-27 | −5.4 | 1996-12-31 |
| 极端低温 | 温度（℃） | −10.1 | −8 | −7.8 | −9.7 | 1954-12-30 | −4.1 |
| | 出现日期 | 1973-12-25 | 1991-12-29 | 1954-12-30 | 1960-12-30 | | 1956-12-25 |
| 旬日照（小时） | | 42.4 | 46.7 | 36.9 | 41.8 | 31.4 | 15.7 |
| 降水量（毫米） | | 8.5 | 9.3 | 7.9 | 6.7 | 6.5 | 9.5 |

## 农时节气　冬至

　　每年阳历的 12 月 21—23 日，太阳到达黄经 270°时为"冬至"节气。太阳直射南回归线，太阳的辐射量和日照时数到达最低点，北半球白昼最短，夜晚最长，又称为日短至。冬至是一个非常重要的节气，是阴阳转折时期，阴极而生阳，从这一天以后到立春的 45 天，阳气渐升，阴气渐降，白昼渐渐变长。也是从这一天起，开始"数冬九"，农谚有"一九二九不出手，三九四九冰上走，五九六九春花开，七九八九沿河观柳，九九犁牛遍地走"。

　　冬至农事：小麦、油菜、蔬菜等作物进入越冬期，基本上停止生长，田间管理上，因苗施好腊肥，预防冻害。

## 防灾减灾

　　低温灾害：在农业生物生长发育的各个时期，都要求具有一定范围的环境温度，如果环境温度低于适宜的温度（即生物学零度），将构成对农业生物的危害，这种情况称为低温灾害。根据受害温度特点，可分为冷害、寒害、冻害、霜冻害四大类型，在湖北主要有低温冷害和低温冻害。

　　（1）低温冷害。低温冷害指在农作物生长发育季节里，环境温度低于作物某个生育期的生物学零度时，引起作物的生育期延迟，或使器官的生理机能受到损害，造成农业减产的一种气象灾害。发生在营养生长期的低温冷害为延迟型冷害，发生在生殖生长期的冷害成为障碍型冷害。在湖北依据发生时间和影响作物可分为春播期低温、五月寒或芒种寒、寒露风三种。

（2）低温冻害。指越冬作物遇到 0℃ 以下强烈低温或剧烈变温,引起植株体冰冻而丧失生理活性,造成植株体部分枯萎或死亡的一种农业气象灾害。不同作物、不同品种、不同生育期的冻害指标各不相同。小麦抗性较强品种的冻害临界温度是 −19～−17℃,抗寒性弱的品种在 −18～−15℃;油菜苗期遇 −5～−3℃ 时,叶片受冻害,现蕾抽薹期遇低于 0℃ 以下时就会出现冻害;大白菜最低气温小于 −5℃ 持续 3 天受冻严重,萝卜、花菜等遇最低气温小于 −3℃ 持续 3 天以上受冻;宽皮类柑橘最低气温低于 −7℃ 出现轻冻,低于 −9℃ 出现中度冻害,低于 −11℃ 会出现重度冻害;橙类遇 −5℃ 就会出现轻冻害;灌木型小叶茶树遇 −15～−10℃ 低温受冻,乔木型大叶种茶树,最低气温 −2℃ 开始受冻,−5℃ 以下严重受冻。

油菜苗期受冻害表现

秋季大棚辣椒受冻害表现

防御措施:一是掌握低温气候规律,调整农业布局,安排品种搭配和适时播种,将抗寒能力强的生育阶段安排在温度最低时段,以避免或减轻灾害;二是加强管理,冬前控制旺长,入冬后增施有机肥,叶面喷施磷酸二氢钾等,培育健壮的长势长相,增强抗御低温的能力。

表 5-3　2019 年全国及部分省区市人均占有农产品数量　　　单位:千克

| 地区 | 粮食 | 油料 | 棉花 | 糖料 | 蔬菜 | 水果 | 瓜类 | 肉类 | 鱼类 | 奶类 |
|---|---|---|---|---|---|---|---|---|---|---|
| 全国 | 475 | 25.0 | 4.2 | 87 | 516 | 196 | 60 | 56 | 46 | 24 |
| 河北 | 494 | 15.8 | 3.0 | 9 | 672 | 184 | 51 | 57 | 13 | 57 |
| 山西 | 366 | 3.7 | | | 222 | 232 | 15 | 24 | 1 | 25 |
| 内蒙古 | 1440 | 90.1 | | 248 | 430 | 111 | 91 | 104 | 5 | 230 |
| 辽宁 | 558 | 22.4 | | 3 | 433 | 188 | 50 | 85 | 105 | 31 |
| 吉林 | 1438 | 30.3 | | 1 | 165 | 57 | 47 | 90 | 9 | 15 |
| 黑龙江 | 1994 | 3.1 | | 11 | 174 | 44 | 35 | 63 | 17 | 124 |
| 江苏 | 460 | 11.7 | 0.2 | 1 | 700 | 122 | 82 | 34 | 60 | 8 |
| 安徽 | 639 | 25.4 | 0.9 | 2 | 349 | 111 | 56 | 64 | 37 | 5 |
| 江西 | 463 | 25.9 | 1.4 | 13 | 340 | 149 | 47 | 64 | 56 | 2 |
| 山东 | 533 | 28.7 | 1.9 | 6 | 813 | 282 | 109 | 70 | 82 | 23 |
| 河南 | 696 | 67.1 | 0.3 | 1 | 766 | 269 | 170 | 58 | 10 | 22 |
| 湖北 | 460 | 53.0 | 2.4 | 5 | 690 | 171 | 59 | 59 | 79 | 2 |
| 湖南 | 431 | 34.6 | 1.2 | 5 | 575 | 154 | 57 | 67 | 37 | 1 |
| 重庆 | 345 | 20.9 | | 3 | 645 | 153 | 19 | 53 | 17 | 1 |
| 四川 | 419 | 44.0 | | 5 | 555 | 136 | 16 | 63 | 18 | 8 |
| 云南 | 386 | 12.9 | | 324 | 476 | 178 | 12 | 84 | 11 | 14 |
| 陕西 | 318 | 15.5 | 0.2 | | 490 | 520 | 72 | 29 | 4 | 42 |
| 甘肃 | 440 | 23.9 | 1.2 | 10 | 526 | 269 | 103 | 39 | 1 | 17 |
| 宁夏 | 540 | 11.1 | | | 819 | 374 | 239 | 49 | 23 | 285 |
| 新疆 | 610 | 26.5 | 199.7 | 178 | 582 | 641 | 194 | 68 | 7 | 84 |

资料来源:2020 年中国农村统计年鉴。

## 二、1 月农作物生育进程与气象条件

**1月 上旬**

### 生育进程

| | |
|---|---|
| 小（大）麦：分蘖期 | 油菜：苗期、菜用摘薹期 |
| 冬播马铃薯：平原丘陵地区播种期 | 果树：越冬、休眠期 |

### 旬气象条件

<table>
<tr><td colspan="3">气象站点</td><td>武汉</td><td>黄冈</td><td>荆州</td><td>襄阳</td><td>宜昌</td><td>恩施</td></tr>
<tr><td rowspan="11">旬气象参数</td><td colspan="2">纬度</td><td>30°37′</td><td>30°26′</td><td>30°21′</td><td>32°2′</td><td>30°42′</td><td>30°17′</td></tr>
<tr><td colspan="2">经度</td><td>114°8′</td><td>114°54′</td><td>112°9′</td><td>112°10′</td><td>111°18′</td><td>109°28′</td></tr>
<tr><td colspan="2">平均气温(℃)</td><td>4.2</td><td>4.7</td><td>4.5</td><td>3.2</td><td>5.2</td><td>5.4</td></tr>
<tr><td rowspan="2">极端高温</td><td>温度(℃)</td><td>20.3</td><td>19.6</td><td>20.2</td><td>21.8</td><td>22.5</td><td>18.7</td></tr>
<tr><td>出现日期</td><td>1982-1-10</td><td>2015-1-4</td><td>2002-1-5</td><td>2002-1-6</td><td>2002-1-6</td><td>2002-1-6</td></tr>
<tr><td rowspan="2">极端低温</td><td>温度(℃)</td><td>−14.6</td><td>−7.7</td><td>−14.8</td><td>−8.1</td><td>−6.2</td><td>−4.3</td></tr>
<tr><td>出现日期</td><td>1955-1-5</td><td>1970-1-5</td><td>1955-1-5</td><td>1967-1-4</td><td>1955-1-5</td><td>1970-1-5</td></tr>
<tr><td colspan="2">旬日照(小时)</td><td>33</td><td>36.8</td><td>27.9</td><td>35.2</td><td></td><td>13.9</td></tr>
<tr><td colspan="2">降水量(毫米)</td><td>17.1</td><td>18.5</td><td>13</td><td>8.1</td><td>9.3</td><td>10.1</td></tr>
</table>

### 农时节气 小寒

　　每年阳历的 1 月 5—6 日，太阳到达黄经 285°时为"小寒"节气。表示冬季的寒冷已经开始，但还没有到最冷的时候，因此称小寒。我国大部分地区会出现"天渐寒，尚未大冷""大面积降温、大幅度降温、降温过程频繁"等天气。民谚："小寒时处二三九，天寒地冻冷到抖。"

　　小寒时节，太阳直射点还在南半球，北半球的热量还处于散失的状态，白天吸收的热量还是少于夜晚释放的热量，因此北半球的气温还在持续降低。

　　小寒农事：主要是搞好旺长麦苗、油菜田块控旺防冻；大棚设施蔬菜保暖、及时清理棚上积雪，露地蔬菜采收等。

### 农业科技

　　脱毒马铃薯种薯应用：导致马铃薯单产水平不高的主要问题是种植品种退化，种性退化，商品性差。其原因是马铃薯为块茎无性繁殖，用种量比较大，农民多自留种，更换原（良）种少，加之受蚜虫传毒为害，使植株感病毒病，造成植株矮小，叶片卷缩，块茎个数少，产量低，品质差，严重田块甚至减产 50％以上。有效解决方法就是推广脱毒种薯及配套栽培技术，脱毒种薯可大大减

轻病毒病为害，植株生长健壮、结薯早、块茎大、单产可提高 30％～50％，大中薯率增加 20％，商品性和品质提高。

①脱毒：取无病马铃薯幼苗茎尖组织进行组织培养。

②核心种繁殖：利用脱毒再生植株带芽茎段在组织培养条件下，繁殖无毒的试管苗和试管薯。

③原原种繁殖：把核心种的幼苗顶端再切段扦插在网室内，进行无土栽培工厂化生产脱毒微型薯。

④用脱毒微型薯在网室繁殖一级原种。

⑤一级原种带到二高山或高山地区扩繁为二、三级良种供生产应用。

脱毒马铃薯种薯生产繁殖程序

**冬播马铃薯：**

（1）备种。选购适宜当地种植的优质、高产、抗病优良品种的脱毒马铃薯种薯，每亩备种薯 125～150 千克。

（2）备膜。70 厘米宽幅地膜 4 千克。

（3）备肥。腐熟农家肥 2000 千克，三元复合肥或马铃薯专用肥 75 千克，硫酸钾 20 千克。

（4）精细整地。深耕 25 厘米，旋耕碎垡，单作地按 100 厘米宽机械起垄，垄高 30 厘米左右，开好中沟、围沟。每垄播种两行，垄上行距 35～40 厘米，穴距 30 厘米，覆土 6～8 厘米，撒施杀虫剂，然后覆盖地膜。

马铃薯种薯处理和芽前除草：播种前剔除烂薯、病薯；单个薯重 100 克以上的大薯按芽眼切块，每个整薯切成 3～4 块，薯块呈三棱形，不可呈片状；50～100 克的种薯纵向切成两瓣，50 克以下的整薯播种，只切去脐部，有利于促进发芽，一般薯块在 30～40 克为宜，每块上有 1～2 个芽眼；切刀应用高锰酸钾 2500 倍液消毒，切后的种薯可用甲基托布津 100 克、农用链霉素 60 克加滑石粉 1.5 千克掺混拌种；芽前封闭除草可选用精异丙甲草胺乳油。

纵切　　横切　　斜切

马铃薯深沟高垄全覆膜栽培

马铃薯配方施肥：每生产 1000 千克马铃薯需氮 4.5～6 千克，五氧化二磷 1.7～1.9 千克，氧化钾 8～10 千克；即一般亩产 3000 千克鲜薯要吸收氮 15 千克、五氧化二磷 6.5 千克、氧化钾 27 千克。施肥以底肥为主，底肥施用量占施肥总量的 80％左右，高产栽培的农家肥应占总量的 60％。一般要求底施腐熟农家肥 2000 千克或商品有机肥 200 千克、专用复合肥 50 千克、尿素 15 千克、硫酸钾 20 千克。看苗追施芽肥，亩施尿素 4～5 千克。后期喷施叶面肥。

# 1月 中旬

## 生育进程

| | |
|---|---|
| 小（大）麦：分蘖期 | 油菜：现蕾期 |
| 冬播马铃薯：平原丘陵地区进入播种期 | 早春西瓜、茄果蔬菜：设施保温播种育苗期 |

## 旬气象条件

| 气象站点 | | 武汉 | 黄冈 | 荆州 | 襄阳 | 宜昌 | 恩施 |
|---|---|---|---|---|---|---|---|
| 纬度 | | 30°37′ | 30°26′ | 30°21′ | 32°2′ | 30°42′ | 30°17′ |
| 经度 | | 114°8′ | 114°54′ | 112°9′ | 112°10′ | 111°18′ | 109°28′ |
| 平均气温（℃） | | 3.9 | 4.3 | 4.1 | 2.9 | 4.8 | 5.1 |
| 极端高温 | 温度（℃） | 22 | 20.7 | 20.8 | 17.9 | 20.8 | 21.2 |
| | 出现日期 | 2002-1-12 | 1982-1-11 | 2002-1-12 | 1963-1-19 | 2002-1-12 | 2002-1-14 |
| 极端低温 | 温度（℃） | −13.3 | −7.9 | −12.2 | −9.8 | −6 | −5.2 |
| | 出现日期 | 1955-1-11 | 1967-1-16 | 1974-1-17 | 1961-1-12 | 1967-1-16 | 1961-1-17 |
| 旬日照（小时） | | 30.1 | 31.3 | 25.7 | 34.8 | 18.5 | 11.6 |
| 降水量（毫米） | | 16.5 | 19.4 | 11.2 | 7.4 | 8.2 | 9.2 |

## 防灾减灾

露地蔬菜低温降雪预防技术措施：①保温防寒。对可中耕的菜田，低温、降雪、冰冻或者寒流到来之时，可通过中耕将土培于蔬菜根旁。寒潮或雨雪来袭前，可以采用塑料薄膜、无纺布或遮阳网等进行覆盖；寒潮过后，继续加强遮掩覆盖，延缓冻融过程。②除湿降渍。要及时清沟理墒，防止田间积水。③强壮植株。在寒流、雨雪来临之前，可通过叶面喷施甲壳素、海藻酸等全营养叶面肥及植物源生长调节剂等措施，补充植株急需的中微量元素等。

瞭望台

表5-4　2018年世界20个肉类主产国肉类生产情况

单位：万吨

| 国家 | 肉类总产量 | 猪肉 | 牛肉 | 羊肉 | 禽肉 |
|---|---|---|---|---|---|
| 世界 | 34240 | 12088 | 7160 | 1577 | 12730 |
| 中国 | 8625 | 5404 | 644 | 475 | 1994 |
| 美国 | 4683 | 1194 | 1222 | 8 | 2230 |
| 巴西 | 2934 | 379 | 990 | 13 | 1550 |

续表

| 国家 | 肉类总产量 | 猪肉 | 牛肉 | 羊肉 | 禽肉 |
|------|-----------|------|------|------|------|
| 俄罗斯 | 1063 | 374 | 161 | 22 | 454 |
| 德国 | 819 | 537 | 112 | 3 | 157 |
| 印度 | 745 | 30 | 261 | 73 | 362 |
| 墨西哥 | 705 | 150 | 198 | 10 | 338 |
| 西班牙 | 203 | 453 | 67 | 13 | 162 |
| 阿根廷 | 593 | 62 | 307 | 6 | 212 |
| 法国 | 562 | 217 | 144 | 11 | 179 |
| 越南 | 523 | 382 | 43 | 1 | 95 |
| 加拿大 | 489 | 214 | 123 | 2 | 147 |
| 澳大利亚 | 466 | 42 | 222 | 76 | 124 |
| 波兰 | 446 | 214 | 60 | | 171 |
| 英国 | 409 | 93 | 92 | 29 | 194 |
| 日本 | 402 | 128 | 48 | | 225 |
| 巴基斯坦 | 387 | | 193 | 52 | 140 |
| 意大利 | 367 | 147 | 81 | 4 | 127 |
| 土耳其 | 367 | | 100 | 43 | 223 |
| 印度尼西亚 | 360 | 33 | 56 | 11 | 220 |

资料来源:联合国 FAO 数据库。

### 表 5-5　2018 年奶类、禽蛋、鱼类主产国生产情况

单位:万吨

| 奶类 | | 禽蛋 | | 鱼类 | |
|------|------|------|------|------|------|
| 国家 | 总产量 | 国家 | 总产量 | 国家 | 总产量 |
| 世界 | 84304 | 世界 | 8293 | | |
| 印度 | 18796 | 中国 | 3128 | 中国 | 6458 |
| 美国 | 9872 | 美国 | 647 | 印度尼西亚 | 2291 |
| 巴基斯坦 | 4579 | 印度 | 524 | 印度 | 1174 |
| 巴西 | 3411 | 墨西哥 | 287 | 越南 | 717 |
| 德国 | 3309 | 巴西 | 284 | 美国 | 594 |
| 中国 | 3075 | 日本 | 263 | 俄罗斯 | 507 |
| 俄罗斯 | 3061 | 俄罗斯 | 252 | 日本 | 436 |
| 法国 | 2652 | 印度尼西亚 | 207 | 秘鲁 | 429 |
| 土耳其 | 2212 | 泰国 | 110 | 孟加拉 | 413 |
| 新西兰 | 2139 | 土耳其 | 96 | 菲律宾 | 413 |

资料来源:联合国 FAO 数据库。

**1**月 下旬

## 生育进程

小麦（大麦）：分蘖期　　　　　　　油菜：蕾薹期

冬播马铃薯：平原丘陵地区播种期　　西瓜、甜瓜：设施保温播种育苗期

## 旬气象条件

| 气象站点 | | 武汉 | 黄冈 | 荆州 | 襄阳 | 宜昌 | 恩施 |
|---|---|---|---|---|---|---|---|
| 纬度 | | 30°37′ | 30°26′ | 30°21′ | 32°2′ | 30°42′ | 30°17′ |
| 经度 | | 114°8′ | 114°54′ | 112°9′ | 112°10′ | 111°18′ | 109°28′ |
| 平均气温(℃) | | 3.8 | 4.2 | 4.1 | 3 | 4.8 | 5 |
| 极端高温 | 温度(℃) | 25.4 | 23.5 | 21.9 | 20.2 | 20 | 18.3 |
| | 出现日期 | 2014-1-31 | 2014-1-31 | 1972-1-22 | 1999-1-27 | 1997-1-28 | 2007-1-31 |
| 极端低温 | 温度(℃) | −18.1 | −12.2 | −14.9 | −14.8 | −9.8 | −12.3 |
| | 出现日期 | 1977-1-30 | 1956-1-24 | 1977-1-30 | 1977-1-30 | 1977-1-30 | 1977-1-30 |
| 旬日照(小时) | | 37.5 | 40.7 | 33.4 | 42.5 | 27.6 | 17.6 |
| 降水量(毫米) | | 16.7 | 17.4 | 10.6 | 5.9 | 8.2 | 11.9 |

## 农时节气　大寒

每年阳历的 1 月 20 日、21 日，太阳到达黄经 300°时为"大寒"节气。受西北气流控制，以及不断补充的南下冷空气影响，便会出现雨雪、大风持续低温天气。此时天气寒冷至极，所以称为大寒。湖北省平均气温 3～5℃，极端最低气温−18.1℃(1977 年 1 月 3 日)～−10℃。

大寒农事：主要是做好在田作物防寒防冻，适时采收蔬菜，春季茄果类蔬菜、西甜瓜设施增温育苗。

## 防灾减灾

设施蔬菜低温降雪预防技术措施：冬季气温偏低，光照不足，遇到寒潮、降雪天气，设施蔬菜易发生冷害、冻害，要及时采取相应措施。

（1）棚室加固。为防止积雪压坏设施结构，要及时检查温室大棚骨架，钢管锈蚀严重或竹竿老化断裂的要及时维修。

（2）加强保温。棚室内搭建简易中棚、小拱棚，形成多层覆盖，降低热量散失。

（3）做好加温准备。

（4）增加光照。在雨雪前要及时清理棚膜上的雾滴、灰尘，保证棚膜的透光性；清理老叶、病叶，增加植株间的散射光照；同时在温室大棚的后墙张挂反光幕。多层覆盖及阴冷天气均易致光照不足，有条件的地区要及时准备植物生长灯、LED 灯、碘钨灯、钠灯等补光设备，必要时进行适当的补光。

（5）适度施肥。寒潮及雨雪天气来袭前要增施有机肥，提高植株抗逆性。

（6）控制浇水。雨雪天气到来前的低温期严禁浇水，以免降低地温，加重冷害、冻害。

（7）减少整枝打叉。避免植株伤口在低温高湿环境下感染发病。

（8）低温锻炼。在寒潮及雨雪天气之前 1～2 天适度进行植株低温锻炼管理，帮助蔬菜作物提前适应低温环境，可以减少气温骤降造成的落花落果等生理障碍。

（9）预防病害。寒潮及雨雪天气之前，选晴好天气对蔬菜进行喷药，预防病害的发生。

厄尔尼诺：此词源自西班牙文"El Nino"，原意是"小男孩"，也指圣婴，即耶稣，用来表示在南美洲西海岸（秘鲁和厄瓜多尔附近）向西延伸，经赤道太平洋至日期变更线附近的海面温度异常增暖的现象。厄尔尼诺又分为厄尔尼诺现象和厄尔尼诺事件。厄尔尼诺现象是发生在热带太平洋海温异常增暖的一种气候现象，大范围热带太平洋增暖，会造成全球气候的变化，但这个状态要维持 3 个月以上，才认定是真正发生了厄尔尼诺事件。

拉尼娜：是西班牙语"La Nina"，是"小女孩，圣女"的意思，是厄尔尼诺现象的反相，也称为"反厄尔尼诺"或"冷事件"，它是指赤道附近东太平洋水温反常下降的一种现象，表现为东太平洋明显变冷，同时也伴随着全球性气候混乱，总是出现在厄尔尼诺现象之后。拉尼娜现象就是太平洋中东部海水异常变冷的情况。东南信风将表面被太阳晒热的海水吹向太平洋西部，致使西部比东部海平面增高将近 60 厘米，西部海水温度增高，气压下降，潮湿空气积累形成台风和热带风暴，东部底层海水上翻，致使东太平洋海水变冷。

厄尔尼诺和拉尼娜是赤道中、东太平洋海温冷暖交替变化的异常表现，这种海温的冷暖变化过程构成一种循环，在厄尔尼诺之后接着发生拉尼娜并非稀罕之事。同样拉尼娜后也会接着发生厄尔尼诺。但从 1950 年以来的记录来看，厄尔尼诺发生频率要高于拉尼娜，为 3～5 年出现一次，如 1976—1977 年、1982—1983 年、1986—1987 年、1991—1993 年、1994—1995 年、1997—1998 年，在 75% 的厄尔尼若年内，夏季雨带位置在江淮流域。拉尼娜现象在当前全球气候变暖背景下频率趋缓，强度趋于变弱，共发生拉尼娜事件 14 次，其中有 13 次造成我国冬季比常年同期更冷。特别是在 20 世纪 90 年代，1991—1995 年曾连续发生了 3 次厄尔尼诺，但中间没有发生拉尼娜。

拉尼娜与厄尔尼诺现象相反，随着厄尔尼诺的消失，拉尼娜的到来，全球许多地区的天气与气候灾害也将发生转变。总体说来，拉尼娜的性情并非十分温和，其气候影响与厄尔尼诺大致相反，其强度和影响程度不如厄尔尼诺，但它的到来也可能会给全球许多地区带来灾害。

### 三、2月农作物生育进程与气象条件

**2月 上旬**

## 生育进程

**小（大）麦：**开始拔节　**冬播马铃薯：**平原丘陵地区播种期　**油菜：**现蕾、抽薹期、菜用采薹期

**西瓜、甜瓜：**大棚西瓜、甜瓜出苗　　**桃：**休眠期，根系开始活动期

## 旬气象条件

| 气象站点 | | 武汉 | 黄冈 | 荆州 | 襄阳 | 宜昌 | 恩施 |
|---|---|---|---|---|---|---|---|
| 纬度 | | 30°37′ | 30°26′ | 30°21′ | 32°2′ | 30°42′ | 30°17′ |
| 经度 | | 114°8′ | 114°54′ | 112°9′ | 112°10′ | 111°18′ | 109°28′ |
| 平均气温（℃） | | 5.4 | 5.7 | 5.6 | 4.5 | 6.2 | 6.1 |
| 极端高温 | 温度（℃） | 26.2 | 26 | 25 | 21.1 | 24.1 | 23.6 |
| | 出现日期 | 1987-2-9 | 1987-2-10 | 1987-2-10 | 1960-2-8 | 1993-2-5 | 2014-2-2 |
| 极端低温 | 温度（℃） | −14.8 | −10.5 | −9.2 | −10.3 | −4.4 | −6.5 |
| | 出现日期 | 1969-2-1 | 1969-2-1 | 1972-2-9 | 1969-2-1 | 1969-2-5 | 1972-2-8 |
| 旬日照（小时） | | 38.5 | 40.5 | 33.1 | 42.3 | 29.3 | 17.2 |
| 降水量（毫米） | | 11.3 | 12.7 | 9.7 | 4.6 | 6.9 | 9.6 |

（左侧竖排：旬气象参数）

## 农时节气　立春

　　每年阳历的 2 月 3—5 日，太阳到达黄经 315°时为"立春"节气。立，是开始的意思，表示从这天起，严冬已尽；春，代表温暖、生长。立春乃阳气上升，万物起始，一切更生。蛰居土中的虫类慢慢在洞中苏醒。

　　立春农事：越冬作物小麦、油菜等开始生长起身与抽薹。早春农膜覆盖作物甜玉米、糯玉米，鲜食大豆等开始整地播种或育苗；设施栽培的西瓜、甜瓜、茄果类蔬菜等开始移栽定植；小麦因苗施好拔节肥，油菜追施薹肥。

## 农业科技

　　**大棚西瓜、甜瓜育苗：**准备大棚西瓜、甜瓜的营养钵或育苗基质。营养土可选用园土、稻田表土、风化河塘泥等配制，各地可根据当地条件选择不同配方，如未种过瓜的园土 120 千克，腐熟堆厩肥 180 千克、0.5%复合肥、0.5%过磷酸钙混合；营养土在使用前 1 个月堆制，掺匀、过筛后备用，必要时应进行土壤消毒。还可用草炭土、炭化谷壳、珍珠岩、生物有机肥、黄沙等配制育苗基质。其常用配方为 60%草炭＋20%珍珠岩＋10%黄沙＋10%生物有机肥。将备好的营养土过

筛后润水、装钵(制钵),一般采用 8 厘米×8 厘米的塑料营养钵,或硬质穴盘(50 孔或 72 孔),将备好的育苗基质装入穴盘,压实、刮平。苗床铺设地热线。

西瓜早春保温育苗

播种前一天苗床浇透水。浸种催芽至芽长 0.3~0.5 厘米开始播种。播种时每播 1 粒发芽种子,芽平放或朝下。播种后覆盖 1 厘米左右疏松湿润的营养土或育苗基质,覆盖地膜,要求地膜四周封严压实,以利于保温保湿。苗床上最好再搭建小拱棚进行保温。出苗前以保温为主,白天保持 30~35℃,晚上 18℃以上,温度超过 35℃时要注意揭开小拱棚两头通风;70%幼苗出土时揭掉地膜。关注天气预报,选择"冷尾暖头"播种。

加强苗床管理。出苗后至真叶展开期适当降温,白天保持 20~25℃,夜间 15~18℃;真叶展开后床温可适当提高,以白天 25~30℃为宜;定植前 1 周逐步开始揭膜炼苗。真叶展开前需水量少,一般不浇水,控制夜温,防止徒长。真叶展开后,如旱象严重,床面发白时适当浇水,浇水宜在晴天上午进行,前期浇水量不宜太多,后期随瓜苗长大可逐渐增加浇水量。真叶展开后,适当提高温度,促进瓜苗生长。遇寒潮,大棚内加盖小拱棚,夜间还可以在小拱棚上覆盖草帘、麻袋保温。

## 防灾减灾

西瓜、甜瓜猝倒病防治:先在近地面的茎基部或根茎部出现水渍状病斑,后变褐色、缢缩致幼苗倒伏。防治措施,用 55℃温水浸种 15 分钟或用药剂浸种消毒。出苗后可用 95%绿亨 1 号可湿性粉剂 3000 倍液+72.2%普力克水剂 600 倍液喷雾防病,发病初期可喷洒 25%瑞毒霉(甲霜灵)可湿性粉剂 800~1000 倍液,一般每隔 7~10 天喷一次。

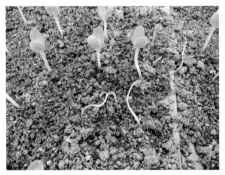

西瓜苗猝倒病

西瓜、甜瓜立枯病防治:刚出土幼苗受害,近地面的茎基部先呈淡褐色、水渍状,后迅速扩及整个茎基部,使幼苗立地枯死。大苗受害,茎基部产生褐色椭圆形或纺锤形凹陷斑;后期病斑绕茎一周,使植株干枯、大苗死亡,但病株不易倒伏,呈立枯状。防治方法和猝倒病相似。

西瓜、甜瓜对环境条件的要求:①温度。西瓜、甜瓜喜温暖、干燥的气候,不耐寒,不同生长发育的适宜温度是发芽期 25~30℃,幼苗期 22~25℃,抽蔓期 25~28℃,结果期 30~35℃;②水分。对水分的要求是耐旱、不耐湿,阴雨天多时,湿度过大,易感病,产量低,品质差,幼苗期需水量较少,抽蔓期需要充足水分,开花期土壤湿度 50%~60%为宜,膨果期需水量最大,成熟期适当控水,水分过多,含糖量降低。③土壤。适宜排水良好的沙质壤土,喜弱酸性,pH 值 5~7 为宜。

# 2月 中旬

## 生育进程

| | | |
|---|---|---|
| **小（大）麦：**拔节期 | **油菜：**抽薹期 | **早春鲜食甜玉米、糯玉米：**播种育苗期 |
| **西、甜瓜：**幼苗期（大棚栽培） | **葡萄：**休眠期至伤流期 | **桃：**休眠期，根系开始活动期 |

## 旬气象条件

| 旬气象参数 | 气象站点 | | 武汉 | 黄冈 | 荆州 | 襄阳 | 宜昌 | 恩施 |
|---|---|---|---|---|---|---|---|---|
| | 纬度 | | 30°37′ | 30°26′ | 30°21′ | 32°2′ | 30°42′ | 30°17′ |
| | 经度 | | 114°8′ | 114°54′ | 112°9′ | 112°10′ | 111°18′ | 109°28′ |
| | 平均气温(℃) | | 7.1 | 7.4 | 7 | 5.9 | 7.5 | 7.5 |
| | 极端高温 | 温度(℃) | 29.1 | 28.7 | 27 | 23.6 | 27.6 | 24.7 |
| | | 出现日期 | 2009-2-12 | 2009-2-12 | 2009-2-12 | 1996-2-13 | 2009-2-12 | 2009-2-12 |
| | 极端低温 | 温度(℃) | −11.3 | −6.9 | −8.2 | −11.6 | −4.5 | −2.6 |
| | | 出现日期 | 1964-2-18 | 1957-2-11 | 1964-2-18 | 1964-2-18 | 2014-2-11 | 2008-2-15 |
| | 旬日照(小时) | | 34 | 35.6 | 29.3 | 39.2 | 24.7 | 15.6 |
| | 降水量(毫米) | | 27.4 | 30.6 | 21 | 13.4 | 17.6 | 18.3 |

## 防灾减灾

**农作物病虫害绿色防控技术：**农作物病虫害绿色防控是以减少化学农药使用量，促进农作物生产、农产品质量和农业生态环境安全为目标，以农业防治为基础，优先采取生态控制、生物防治、物理防治及科学用药等环境友好型措施来控制有害生物的有效措施。实施绿色防控是贯彻

农业防治——深翻炕土

太阳能灯光诱杀

色板诱杀

性诱剂诱杀

农业防治——水稻适时晒田

太阳能灯光诱杀

诱杀稻蓟马、诱杀柑橘大实蝇

生态控制——果园生草、养鸭

"科学植保、公共植保、绿色植保"的重大举措,是发展现代农业,建设"资源节约,环境友好"两型农业的必然要求,是保障农业生产安全、农产品质量安全、农业生态安全的重要手段。

油菜病虫害绿色防控:①农业防治。加强田间管理,开沟排水,降低田间土壤湿度,抑制土壤浅表层的菌核以菌丝形式萌发;加强杂草管理,阻断菌核病通过杂草蔓延;免耕和秸秆还田会增加田间菌核基数,在条件适宜的地区建议进行水旱轮作或深耕。②生物防治。结合播种施用生物防治菌(如盾壳霉或木霉菌等)腐烂土壤中的菌核,降低田间菌核数量。菌核病发生初期,采用盾壳霉、木霉菌或地衣芽孢杆菌防治,间隔7~10天,交替使用,连续防治2~3次。③化学防治。始花期重点保护油菜茎基部,盛花期阻断花瓣接触侵染。可选用咪鲜胺、菌核净和多菌灵等乳剂或水剂为主的药剂适时防控,注意轮换用药以避免出现抗药菌株。④加强统防统治。在油菜盛花期加强利用植保高效施药器械进行统防统治,将油菜菌核病重发的风险降至最低。同时注意花期施药避免对授粉昆虫的不良影响。

表 5-6　1980—2019 年中国农产品进出口数量

| 年份 | 出口产品数量 | | | | | | 进口产品数量 | | | | |
|---|---|---|---|---|---|---|---|---|---|---|---|
| | 活猪(万头) | 稻米(万吨) | 棉花(万吨) | 蔬菜(万吨) | 鲜干果(万吨) | 渔类(万吨) | 小麦(万吨) | 玉米(万吨) | 大豆(万吨) | 棉花(万吨) | 植物油(万吨) |
| 1980 | 316 | 109 | 1 | 34 | 24 | 11 | 1057 | 164 | 57 | 89 | 9 |
| 1985 | 296 | 101 | 35 | 51 | 21 | 12 | 541 | 9 | 0 | 0 | 4 |
| 1990 | 300 | 33 | 17 | 98 | 23 | 36 | 1253 | 37 | 0 | 42 | 112 |
| 1995 | 253 | 5 | 2 | 158 | 40 | 61 | 1159 | 518 | 29 | 74 | 213 |
| 2000 | 203 | 295 | 29 | 245 | 82 | 120 | 88 | | 1042 | 5 | 179 |
| 2005 | 176 | 69 | 0.5 | 520 | 200 | 176 | 354 | | 2659 | 257 | 621 |
| 2006 | 172 | 124 | 1.3 | 568 | 198 | 194 | 61 | 7 | 2824 | 364 | 669 |
| 2007 | 161 | 134 | 2.1 | 622 | 240 | 183 | 10 | 4 | 3082 | 246 | 838 |
| 2008 | 164 | 97 | 1.6 | 624 | 285 | 175 | 4 | 5 | 3744 | 211 | 816 |
| 2009 | 169 | 79 | 0.8 | 636 | 330 | 209 | 90 | 8 | 4255 | 153 | 816 |
| 2010 | 172 | 62 | 0.6 | 655 | 300 | 243 | 123 | 157 | 5480 | 284 | 687 |
| 2011 | 156 | 52 | 2.6 | 772 | 289 | 288 | 126 | 175 | 5264 | 336 | 657 |
| 2012 | 164 | 28 | 1.8 | 741 | 304 | 368 | 370 | 521 | 5838 | 513 | 845 |
| 2013 | 168 | 48 | 0.7 | 778 | 298 | 384 | 554 | 327 | 6338 | 415 | 800 |
| 2014 | 173 | 42 | 1.3 | 803 | 272 | 403 | 300 | 260 | 7140 | 244 | 650 |
| 2015 | 169 | 29 | 2.9 | 833 | 278 | 391 | 301 | 473 | 8269 | 147 | 676 |
| 2016 | 155 | 40 | 0.8 | 827 | 347 | 409 | 341 | 317 | 8391 | 90 | 553 |
| 2017 | 157 | 120 | 1.7 | 925 | 344 | 421 | 442 | 283 | 9553 | 116 | 577 |
| 2018 | 158 | 209 | 4.7 | 948 | 341 | 425 | 310 | 352 | 8803 | 157 | 629 |
| 2019 | 95 | 275 | 5.2 | 979 | 361 | 419 | 349 | 479 | 8851 | 185 | 953 |

资料来源:2020 年中国农村统计年鉴。

## 2月 下旬

### 生育进程

小麦：拔节期　　大麦：拔节孕穗期　　早春鲜食甜玉米、糯玉米：播种育苗期　　油菜：蕾薹期

晚熟西蓝花：采收期　　西瓜、甜瓜：幼苗期　　桃：根系开始活动期　　　　　　葡萄：伤流期

### 旬气象条件

| | 气象站点 | 武汉 | 黄冈 | 荆州 | 襄阳 | 宜昌 | 恩施 |
|---|---|---|---|---|---|---|---|
| 旬气象参数 | 纬度 | 30°37′ | 30°26′ | 30°21′ | 32°2′ | 30°42′ | 30°17′ |
| | 经度 | 114°8′ | 114°54′ | 112°9′ | 112°10′ | 111°18′ | 109°28′ |
| | 平均气温(℃) | 7.5 | 7.6 | 7.4 | 6.6 | 7.8 | 7.7 |
| 极端高温 | 温度(℃) | 26.4 | 26 | 25 | 23.3 | 25 | 22.6 |
| | 出现日期 | 1992-2-29 | 1992-2-29 | 1992-2-29 | 1963-2-28 | 1992-2-29 | 2016-2-28 |
| 极端低温 | 温度(℃) | −7.6 | −5.8 | −5.4 | −8 | −3.6 | −3.1 |
| | 出现日期 | 1966-2-23 | 1966-2-23 | 1974-2-25 | 1974-2-25 | 1969-2-21 | 1964-2-27 |
| | 旬日照(小时) | 25.4 | 27.4 | 22.1 | 31.2 | 17.9 | 12 |
| | 降水量(毫米) | 28 | 30.2 | 19.5 | 10.1 | 14.5 | 13.6 |

### 农时节气　雨水

　　每年阳历的 2 月 18—19 日，太阳到达黄经 330°时为"雨水"节气。此时气候逐渐回暖，冰雪融化，降雨增多，故取名为雨水。随着雨水节气的到来，人们进入了春风拂面，湿润的空气、温和的阳光和潇潇细雨的日子。但是，冷空气活动依然频繁。

　　雨水农事：主要是做好小麦、油菜等越冬作物水肥管理，清沟排渍，弱苗追肥，旺苗喷施调节剂，化学除草；春播作物搞好备种、备肥、整地等。

### 农业科技

　　小(大)麦农事活动：主要是清沟理墒、化调控旺及防冻。对叶片宽、披垂、生长过快或群体较大的旺长苗进行化控，每亩用 15% 多效唑可湿性粉剂 50～70 克兑水 30 千克均匀喷雾，预防倒伏。拔节期是小(大)麦需肥的高峰期，看苗追肥，每亩追施尿素 5～6 千克；视田间杂草情况补施一次化学除草剂。立春过后雨水增多，田间易发生渍害，应及时清沟防渍。

　　小(大)麦冻害等级的判定：记载冻害时间，在每次低温后第三天分 5 级记载冻害程度。1 级：无冻害；2 级：叶尖受冻发黄；3 级：叶片冻死一半；4 级：叶片全枯；5 级：植株或大部分蘖冻死。

| 麦苗 2 级冻害 | 麦苗 3 级冻害 | 麦苗 5 级冻害 |
|:---:|:---:|:---:|

表 5-7　2019 年中国肉、蛋、奶、鱼主产省生产情况

单位:万吨

| 地区 | 肉类 | | | | | 奶类 | 禽蛋 | 水产品 | | |
|---|---|---|---|---|---|---|---|---|---|---|
| | 合计 | 猪肉 | 牛肉 | 羊肉 | 禽肉 | | | 合计 | 捕捞 | 养殖 |
| 全国 | 9998 | 4255 | 667 | 488 | 2239 | 3298 | 3309 | 6458 | 1401 | 5079 |
| 河北 | 533 | 242 | 57 | 31 | 100 | 434 | 386 | 99 | 28 | 71 |
| 内蒙古 | 286 | 63 | 64 | 110 | 21 | 583 | 58 | 13 | 2 | 11 |
| 辽宁 | 508 | 189 | 30 | 7 | 140 | 135 | 308 | 455 | 79 | 376 |
| 吉林 | 330 | 108 | 42 | 5 | 87 | 40 | 122 | 24 | 2 | 22 |
| 黑龙江 | 279 | 135 | 46 | 13 | 42 | 467 | 114 | 65 | 4 | 61 |
| 江苏 | 390 | 146 | 3 | 7 | 115 | 62 | 212 | 484 | 75 | 409 |
| 安徽 | 578 | 198 | 10 | 19 | 175 | 34 | 169 | 231 | 21 | 210 |
| 江西 | 376 | 207 | 13 | 2 | 76 | 7 | 57 | 259 | 17 | 242 |
| 山东 | 1038 | 255 | 73 | 37 | 334 | 235 | 450 | 823 | 218 | 605 |
| 河南 | 705 | 344 | 36 | 28 | 145 | 209 | 442 | 99 | 11 | 88 |
| 湖北 | 429 | 243 | 16 | 10 | 80 | 13 | 179 | 470 | 16 | 454 |
| 湖南 | 532 | 349 | 19 | 16 | 73 | 6 | 115 | 254 | 8 | 246 |
| 广东 | 588 | 222 | 4 | 2 | 176 | 14 | 42 | 866 | 137 | 729 |
| 广西 | 543 | 192 | 12 | 4 | 163 | 9 | 25 | 342 | 66 | 276 |
| 四川 | 720 | 353 | 36 | 27 | 120 | 67 | 162 | 158 | 4 | 154 |
| 云南 | 464 | 288 | 39 | 20 | 58 | 67 | 36 | 64 | 3 | 61 |
| 新疆 | 189 | 38 | 45 | 60 | 18 | 209 | 41 | 18 | 18 | |

资料来源:2020 年中国农村统计年鉴。

# 附录 A　湖北省历年自然灾害发生情况

表 A-1　湖北省历年自然灾害发生情况

| 年份 | 受灾面积(万亩) | | | | | 成灾面积(万亩) | | | | |
|------|------|------|------|------|------|------|------|------|------|------|
| | 合计 | 旱灾 | 洪涝灾 | 风雹 | 冷冻灾 | 合计 | 旱灾 | 洪涝灾 | 风雹 | 冷冻灾 |
| 1978 | 4247 | 3615 | 35 | 112 | 5 | 2386 | 2118 | 20 | 73 | — |
| 1980 | 4283 | 740 | 2366 | 165 | 234 | 2851 | 499 | 1636 | 120 | 180 |
| 1985 | 2254 | 1643 | 243 | 368 | 0 | 2415 | 1347 | 427 | 647 | — |
| 1986 | 3184 | 2272 | 535 | 293 | 39 | 1883 | 1316 | 305 | 184 | 15 |
| 1987 | 2108 | 145 | 1349 | 218 | 396 | 872 | 75 | 556 | 72 | 169 |
| 1988 | 5854 | 4300 | 754 | 300 | 500 | 3231 | 2498 | 280 | 153 | 300 |
| 1989 | 1984 | 490 | 1294 | 0 | 200 | 932 | 291 | 541 | — | 100 |
| 1990 | 3972 | 2500 | 1064 | 177 | 231 | 1665 | 1135 | 404 | 56 | 20 |
| 1991 | 5522 | 1262 | 3970 | 290 | 0 | 2572 | 115 | 2327 | 130 | — |
| 1992 | 4045 | 2730 | 500 | 520 | 295 | 1929 | 1400 | 188 | 146 | 195 |
| 1993 | 4187 | 1049 | 1200 | 453 | 1485 | 1827 | 350 | 519 | 159 | 799 |
| 1994 | 2835 | 1995 | 600 | 180 | 45 | 1005 | 660 | 225 | 105 | 15 |
| 1995 | 3939 | 1900 | 1379 | 210 | 100 | 2022 | 1021 | 901 | 90 | 10 |
| 1996 | 4724 | 355 | 3180 | 567 | 622 | 2808 | 121 | 2301 | 264 | 122 |
| 1997 | 3957 | 1860 | 1632 | 260 | 206 | 2079 | 1022 | 839 | 134 | 86 |
| 1998 | 4865 | 231 | 3810 | 263 | 561 | 3027 | 80 | 2535 | 174 | 239 |
| 1999 | 4251 | 1658 | 2051 | 156 | 387 | 1989 | 767 | 2597 | 81 | 48 |
| 2000 | 4785 | 3315 | 873 | 222 | 375 | 3000 | 2205 | 548 | 129 | 113 |
| 2001 | 4328 | 3545 | 561 | 561 | 90 | 3045 | 2555 | 356 | 90 | 45 |
| 2002 | 4011 | 446 | 2298 | 933 | 335 | 2553 | 227 | 1412 | 692 | 224 |
| 2003 | 4649 | 1493 | 2363 | 252 | 542 | 2825 | 1035 | 1434 | 152 | 204 |
| 2004 | 2280 | 744 | 1227 | 170 | 122 | 1341 | 386 | 743 | 147 | 60 |
| 2005 | 3870 | 1157 | 1350 | 206 | 944 | 2121 | 570 | 839 | 101 | 467 |
| 2006 | 3248 | 1634 | 417 | 369 | 821 | 2135 | 1298 | 245 | 125 | 465 |
| 2007 | 4185 | 1247 | 2022 | 152 | 758 | 1806 | 498 | 980 | 21 | 308 |
| 2008 | 6050 | 30 | 1770 | 507 | 3735 | 3989 | 21 | 1397 | 312 | 2256 |
| 2009 | 2741 | 888 | 1248 | 248 | 357 | 798 | 224 | 482 | 35 | 59 |

续表

| 年份 | 受灾面积(万亩) | | | | | 成灾面积(万亩) | | | | |
|------|------|------|------|------|------|------|------|------|------|------|
| | 合计 | 旱灾 | 洪涝灾 | 风雹 | 冷冻灾 | 合计 | 旱灾 | 洪涝灾 | 风雹 | 冷冻灾 |
| 2010 | 3699 | 306 | 2999 | 50 | 344 | 1346 | 147 | 1109 | 33 | 56 |
| 2011 | 3870 | 1808 | 1337 | 242 | 485 | 1185 | 612 | 380 | 59 | 135 |
| 2012 | 2579 | 1409 | 947 | 57 | 36 | 1149 | 575 | 500 | 38 | 38 |
| 2013 | 3732 | 2793 | 684 | 105 | 150 | 1431 | 1109 | 237 | 27 | 62 |
| 2014 | 1575 | 951 | 441 | 74 | 125 | 516 | 269 | 197 | 5 | 47 |
| 2015 | 1674 | 177 | 1311 | 77 | 111 | 773 | 89 | 615 | 39 | 32 |
| 2016 | 4112 | 513 | 2805 | 56 | 738 | 2259 | 237 | 1845 | 30 | 147 |
| 2017 | 2156 | 926 | 1040 | 62 | 116 | 1073 | 425 | 597 | 38 | 14 |
| 2018 | 1614 | 773 | 221 | 29 | 593 | 714 | 380 | 84 | 18 | 233 |
| 2019 | 2145 | 1730 | 329 | 69 | 18 | 713 | 608 | 81 | 15 | 11 |
| 2020 | 2148 | — | 2345 | 189 | 5 | 1173 | — | 1112 | 59 | 3 |

资料来源:《中国农村经济统计资料(1949—1996)》《中国农业统计资料(1997—2016)》《中国农村统计年鉴(2017—2020)》。

# 附录 B  1974—2020 年湖北病虫害发生与防治

## 一、湖北农作物主要病虫发生与防治

湖北省是全国农业主产省份之一，地处长江中游，南北过渡地带，农作物种类多。常年病虫草害发生种类多、基数大、范围广，对农业生产影响大，给生产管理增添了很大的难度，必须树立抗灾思想，坚持做好虫口夺粮措施，确保农业丰产丰收。

### （一）1974—1987 年病虫害发生及防治情况

#### 1. 农作物病虫发生、防治面积及挽回损失

1974 年是全国范围植保统计数据（电子档）的起始年份，再往前不是无统计汇总数据，或者是纸质版数据遗失。湖北省主要统计了小麦、水稻、棉花、油菜四种作物的部分病虫，从 1974 到 1987 年这十四年，湖北省农作物病虫害发生总面积处于 9851.91 万亩次（1974）～13210.04 万亩次（1982），平均 11388.62 万亩次；病虫害防治总面积处于 8747.79 万亩次（1974）～13846.95 万亩次（1981），平均 11262.76 万亩次；通过防治挽回粮食损失共计 1203358.79 吨（1977）～3330727.00 吨（1980），平均 2018988.25 吨；挽回棉花损失 64220.10 吨（1985）～175928.80 吨（1975），平均 124175.75 吨（表 B-1）。从 1974 整体数据看，这期间病虫害发生情况比较平稳，年度间差异较小；但 1981 年、1982 年、1983 年是病虫害重发年份，发生面积、防治面积均较大。

表 B-1　1974—1987 年湖北省农作物病虫发生与防治面积、挽回损失统计表

| 年份 | 发生面积（万亩次） | 防治面积（万亩次） | 挽回粮食损失（吨） | 挽回棉花损失（吨） |
|------|------|------|------|------|
| 1974 | 9851.91 | 8747.79 | 1752700.36 | 150246.30 |
| 1975 | 11014.28 | 12509.20 | 1753467.60 | 175928.80 |
| 1976 | 11970.1 | 11473.00 | 1721747.80 | 157474.00 |
| 1977 | 10063.44 | 9994.94 | 1203358.79 | 145371.14 |
| 1978 | 10569.1 | 10250.10 | 1721170.00 | 141417.50 |
| 1979 | 11799.21 | 11462.21 | 2217298.50 | 120903.10 |
| 1980 | 11889.09 | 10897.76 | 3330727.00 | 88398.20 |
| 1981 | 11921.04 | 13846.95 | 2277709.90 | 167644.60 |
| 1982 | 13210.04 | 13658.98 | 2254968.10 | 95332.00 |
| 1983 | 12112.86 | 13591.29 | 2336060.10 | 82305.30 |
| 1984 | 10571.74 | 10784.73 | 1722568.90 | 104690.20 |
| 1985 | 11572.89 | 9217.96 | 1658056.50 | 64220.10 |
| 1986 | 10720.77 | 10170.94 | 1759741.80 | 127849.40 |
| 1987 | 12174.18 | 11072.85 | 2556260.10 | 116679.90 |
| 平均 | 11388.612 | 11262.76 | 2018988.25 | 124175.75 |

资料来源：表 B-1～表 B-9 数据均源自全国农业技术推广服务中心、全国植保专业统计资料。

表 B-2 1974—1987 年湖北省粮棉油作物主要病虫害种类及发生面积

单位:万亩次

| 年份 | 水稻 | | | | | 小麦 | | | | 玉米 | | 棉花 | | | | | 油菜 |
|---|---|---|---|---|---|---|---|---|---|---|---|---|---|---|---|---|---|
| | 稻瘟病 | 纹枯病 | 白叶枯 | 纵卷叶螟 | 稻飞虱 | 锈病 | 赤霉病 | 白粉病 | 黏虫 | 大小斑病 | 玉米螟 | 苗病 | 棉蚜 | 棉铃虫 | 红铃虫 | 红蜘蛛 | 菌核病 |
| 1974 | 259.42 | / | 269.1 | 744.8 | 748.5 | / | 196.3 | / | / | 295.6 | 353.5 | 280.8 | 567.7 | 511.9 | 614.3 | 296.0 | 29.0 |
| 1975 | 145.25 | 100.36 | 169.3 | 968.9 | 1674.0 | / | 470.7 | / | / | 88.8 | 447.9 | 517.7 | 574.8 | 650.7 | 731.7 | 388.3 | 39.1 |
| 1976 | 296.9 | 328.1 | 93.7 | 975.6 | 1547.3 | / | 425.4 | / | 213.3 | 174.3 | 321.3 | 422.4 | 671.9 | 606.2 | 755.8 | 534.3 | 41.0 |
| 1977 | 221.09 | 237.33 | 65.1 | 677.9 | 1204.0 | / | 640.8 | / | 183.0 | 150.6 | 335.8 | 599.2 | 658.0 | 477.7 | 655.1 | 363.1 | 16.1 |
| 1978 | 573.3 | 322.7 | 22.1 | 649.5 | 1159.9 | / | 283.4 | / | 168.3 | 167.7 | / | 204.3 | 561.5 | 580.3 | 644.3 | 623.1 | 21.7 |
| 1979 | 150.98 | 457.27 | 90.2 | 529.6 | 1198.3 | / | 330.8 | / | 161.2 | 136.0 | 319.1 | 318.6 | 640.9 | 351.4 | 727.7 | 383.3 | 52.7 |
| 1980 | 213.21 | 692.35 | 205.7 | 2148.8 | 2099.0 | / | 236.5 | 408.7 | 111.1 | 135.1 | 156.7 | 232.2 | 496.8 | 156.3 | 577.2 | 355.0 | 63.9 |
| 1981 | 181.29 | 667.35 | 72.1 | 982.3 | 1723.8 | 542.6 | 191.6 | 884.2 | 144.1 | 66.9 | 171.9 | 148.9 | 636.0 | 417.1 | 658.5 | 584.0 | 70.2 |
| 1982 | 328.62 | 1029.77 | 222.9 | 1418.1 | 1669.9 | 467.2 | 110.6 | 450.4 | 87.2 | 81.2 | 202.4 | 789.9 | 596.7 | 227.5 | 696.4 | 387.6 | 76.9 |
| 1983 | 627.31 | 1280.84 | 264.0 | 1110.0 | 1075.1 | 898.4 | 363.0 | 308.0 | 70.8 | 90.3 | 119.7 | 386.9 | 552.1 | 134.4 | 529.3 | 405.5 | 212.1 |
| 1984 | 651.12 | 1131.67 | 250.8 | 758.3 | 481.5 | 467.3 | 546.2 | 200.1 | 42.4 | 117.9 | 176.4 | 418.3 | 450.5 | 151.2 | 594.8 | 477.9 | 137.9 |
| 1985 | 533.55 | 1402.14 | 245.8 | 823.8 | 696.3 | 556.0 | 956.4 | 168.1 | 123.8 | 102.1 | 181.0 | 280.3 | 466.1 | 212.5 | 570.3 | 466.4 | 187.5 |
| 1986 | 378.04 | 1422.38 | 339.5 | 343.2 | 383.7 | 106.1 | 484.5 | 98.0 | 39.0 | 27.3 | 87.7 | 254.9 | 395.3 | 235.6 | 570.2 | 435.4 | 233.5 |
| 1987 | 292.36 | 1550.32 | 406.2 | 332.9 | 1330.8 | 271.6 | 781.1 | 307.2 | 113.3 | 136.7 | 173.3 | 287.0 | 393.9 | 134.0 | 571.2 | 307.8 | 271.3 |
| 平均 | 346.60 | 817.10 | 194.0 | 890.3 | 1213.7 | 472.7 | 429.8 | 353.1 | 121.4 | 126.5 | 234.4 | 367.2 | 547.3 | 346.2 | 635.5 | 429.1 | 103.8 |

备注:表中"/"表示该年此项数据缺失或未统计。

2. 农作物主要病虫种类和发生面积

这阶段全国主要统计了粮、棉、油三大类作物,湖北省统计了小麦、水稻、玉米、棉花、油菜 4 种作物,主要有稻瘟病、稻飞虱、纹枯病、玉米螟、小麦锈病等 17 种病虫害(表 B-2)。按发生和面积来算,重要病虫害有水稻纹枯病、稻纵卷叶螟、稻飞虱、小麦赤霉病、小麦锈病、玉米螟、棉铃虫、棉红铃虫等八种;按危害程度来算,稻瘟病、水稻白叶枯病也应归为主要病虫害。油菜菌核病是油菜头号病害,此时期可能处于试点统计阶段,数据不全,且较小。从表 B-2 中 1974—1987 年湖北省粮棉油作物主要病虫害发生面积比较来看,水稻前 3 种主要是稻飞虱、稻纵卷叶螟和纹枯病,14 年平均发生面积分别为 121.7 万亩次、890.3 万亩次和 817.1 万亩次;水稻"两迁"害虫发生最重的是 1980 年,稻纵卷叶螟、稻飞虱发生面积分别为 2148.8 万亩次和 2099 万亩次,远高于其他年份;稻瘟病重发生年份是 1983 年和 1984 年,发生面积均超过了 600 万亩次,水稻纹枯病是常规病害,发生呈逐年偏重趋势,面积逐年增加。小麦病虫害方面,1983 年锈病发生最重,面积接近 900 万亩次(此阶段叶锈、条锈、秆锈统计没有具体区分,应是流行性条锈病为主),1985 年赤霉病发生最重,面积超过 950 万亩次。棉花病虫方面,1976 年棉蚜、棉铃虫、棉红铃虫发生最重,发生面积均处于 14 年中最高位。

**(二) 1988—1994 年病虫害发生与防治情况**

1. 农作物病虫发生、防治面积及挽回损失

从 1988 年到 1994 年这七年间,湖北省农作物病虫害发生总面积处于 13820.61 万亩次(1990)～22263.95 万亩次(1991),平均 17677.77 万亩次;病虫害防治总面积处于 13418.27 万亩次(1990)～20213.95 万亩次(1991),平均 15829.57 万亩次;通过防治挽回粮食、损失共计1040236.11 吨(1990)～2375197.38 吨(1991),平均 1588672.60 吨;挽回棉花损失 66095.00 吨(1990)～155930.12 吨(1992),平均 104086.36 吨(表 B-3)。

表 B-3  1988—1994 年湖北省农作物病虫发生与防治面积、挽回损失统计表

| 年份 | 发生面积(万亩次) | 防治面积(万亩次) | 挽回粮食损失(吨) | 挽回棉花损失(吨) |
|---|---|---|---|---|
| 1988 | 17982.72 | 13778.42 | 1555815.80 | 79773.70 |
| 1989 | 19750.15 | 17050.88 | 1791309.75 | 80027.40 |
| 1990 | 13820.61 | 13418.27 | 1040236.11 | 66095.00 |
| 1991 | 22263.95 | 20213.95 | 2375197.38 | 68387.90 |
| 1992 | 14724.97 | 11939.89 | 1544054.33 | 155930.12 |
| 1993 | 17314.66 | 16830.05 | 1622623.88 | 128420.33 |
| 1994 | 17887.33 | 17575.54 | 1191470.96 | 149970.09 |
| 平均 | 17677.77 | 15829.57 | 1588672.60 | 104086.36 |

2. 农作物主要病虫种类发生面积

从 1988 年到 1994 年这七年间,湖北省从以前统计小麦、水稻、玉米、棉花、油菜四种作物病

虫害,逐渐扩展到大豆、蔬菜、果树、茶树等经济作物。病害种类也从以前的近 20 种,扩展到 48种,粮棉油作物上新增的病虫主要有二化螟、三化螟、纹枯病、条锈病、褐飞虱、棉盲蝽、油菜病毒病等,并且统计稻田、麦田、玉米田杂草面积,相似的病虫害开始细分,如小麦锈病区分出小麦条锈病,螟虫区分二化螟、三化螟,稻飞虱中区分出褐飞虱,所以病虫草害总计比以前大幅增加。主要病虫害水稻上有二化螟、三化螟、稻纵卷叶螟、稻飞虱、纹枯病、稻瘟病等六种,小麦上有赤霉病、条锈病等 6 种(各病虫年度发生面积详见表 B-4)。从发生面积来看,水稻纹枯病、稻飞虱、二化螟、三化螟、赤霉病、小麦锈病、红铃虫是主要病虫害,年均发生面积都在 600 万亩次以上。

**表 B-4　1988—1994 年湖北省粮棉油作物主要病虫害种类及发生面积**

单位:万亩次

| 年份 | 稻瘟病 | 纹枯病 | 二化螟 | 三化螟 | 稻卷叶螟 | 稻飞虱 | 小麦锈病 | 小麦条锈病 | 小麦赤霉病 | 小麦白粉病 |
|---|---|---|---|---|---|---|---|---|---|---|
| 1988 | 199.8 | 1634.9 | 1019.23 | 1856.6 | 343.9 | 1119.2 | 232.2 | 48.85 | 486.8 | 198.8 |
| 1989 | 458.6 | 1851.3 | 1349.57 | 1317.17 | 1113.3 | 1013.9 | 512.6 | 58.25 | 1117.5 | 970.4 |
| 1990 | 297.4 | 1598.7 | 949.07 | 731.93 | 326.5 | 690.4 | 1391.5 | 888.06 | 943.5 | 339.4 |
| 1991 | 173.5 | 1863.7 | 1583.42 | 445.77 | 2323.3 | 3028.9 | 988.7 | 689.64 | 617.8 | 295.2 |
| 1992 | 273.4 | 1820.8 | 967.86 | 266.7 | 512.7 | 1665.3 | 280.8 | 31.4 | 519.2 | 381.7 |
| 1993 | 785.9 | 1895.3 | 1627.08 | 376.93 | 827.3 | 1024.1 | 731.9 | 393.4 | 484.3 | 285.7 |
| 1994 | 620.0 | 1932.8 | 1494.12 | 718.65 | 663.3 | 902.7 | 330.1 | 143.72 | 877.8 | 203.6 |
| 平均 | 401.3 | 1799.6 | 1284.3 | 816.25 | 872.9 | 1349.2 | 638.2 | 321.9 | 721.0 | 382.1 |

| 年份 | 小麦NI黏虫 | 小麦纹枯病 | 玉米螟 | 棉花苗病 | 棉蚜 | 棉铃虫 | 棉红铃虫 | 棉红蜘蛛 | 油菜菌核病 |
|---|---|---|---|---|---|---|---|---|---|
| 1988 | 130.0 | 145.05 | 166.6 | 315.4 | 462.7 | 284.4 | 773.7 | 387.8 | 277.4 |
| 1989 | 112.9 | 418.14 | 152.7 | 297.8 | 383.4 | 172.7 | 708.6 | 348.6 | 335.4 |
| 1990 | 89.0 | 605.20 | 82.2 | 199.8 | 210.4 | 173.2 | 825.1 | 271.8 | 275.2 |
| 1991 | 406.0 | 583.68 | 174.2 | 414.6 | 522.9 | 339.2 | 837.5 | 314.6 | 465.5 |
| 1992 | 140.2 | 794.94 | 102.2 | 305.8 | 516.4 | 427.7 | 811.8 | 305.5 | 324.2 |
| 1993 | 44.8 | 365.00 | 86.3 | 345.1 | 500.3 | 1071.9 | 912.1 | 379.0 | 226.7 |
| 1994 | 3.5 | 299.41 | 119.3 | 269.0 | 434.2 | 1576.4 | 944.0 | 509.9 | 538.8 |
| 平均 | 132.3 | 378.58 | 126.2 | 306.8 | 432.9 | 577.9 | 830.4 | 359.6 | 349.0 |

**(三) 1995—2004 年病虫害发生与防治情况**

**1. 农作物病虫发生、防治面积及挽回损失**

从 1995 年到 2004 年这十年间,湖北省农作物病虫害发生总面积处于 22516.45 万亩次(1996)~29958.55 万亩次(1999),平均 26304.41 万亩次,比上一阶段提高接近 1 亿亩次;病虫害防治总面积处于 23654.69 万亩次(1996)～39615.50 万亩次(2004),平均 31100.07 万亩次,比上一阶段多约 1.5 亿亩次;通过防治挽回粮食损失共计 2453580.02 吨(2000)～3673868.14 吨(1999),平均 2912571.08 吨,挽回损失接近上一阶段的 2 倍;挽回棉花损失 69322.43 吨(2003)～220521.94 吨(1995),平均 161833.14 吨(表 B-5)。

表 B-5　1995—2004 年湖北省农作物病虫发生与防治面积、挽回损失统计表

| 年份 | 发生面积(万亩次) | 防治面积(万亩次) | 挽回粮食损失(吨) | 挽回棉花损失(吨) |
|---|---|---|---|---|
| 1995 | 24780.48 | 24761.44 | 2577549.91 | 220521.94 |
| 1996 | 22516.45 | 23654.69 | 2628103.08 | 152767.03 |
| 1997 | 25875.69 | 29357.52 | 2588498.56 | 206365.70 |
| 1998 | 26039.18 | 30900.59 | 3402602.39 | 150563.39 |
| 1999 | 29958.55 | 34892.57 | 3673868.14 | 181856.55 |
| 2000 | 26582.39 | 32536.40 | 2453580.02 | 158082.23 |
| 2001 | 25445.26 | 31301.75 | 2644756.81 | 202531.88 |
| 2002 | 25094.04 | 30636.69 | 2947894.06 | 180744.66 |
| 2003 | 28023.85 | 33343.57 | 2741881.82 | 69322.43 |
| 2004 | 28728.21 | 39615.50 | 3466976.00 | 95575.61 |
| 平均 | 26304.41 | 31100.07 | 2912571.08 | 161833.14 |

2. 农作物主要病虫种类和发生面积

从 1995 年到 2004 年这十年间湖北省主要作物病虫种类与上个 10 年时间相比相对稳定,但是各病虫年均发生面积大幅增加。发生重的主要病虫是二化螟、三化螟、稻纵卷叶螟、棉铃虫和油菜菌核病,年均发生面积分别为 2249.3 万亩次、1836.4 万亩次、1331.3 万亩次、1370.4 万亩次和 989.3 万亩,重发频次也明显高于以前(表 B-6)。

表 B-6　1995—2004 年湖北省粮棉油作物主要病虫害种类及发生面积

单位:万亩次

| 年份 | 稻瘟病 | 纹枯病 | 二化螟 | 三化螟 | 稻卷叶螟 | 稻飞虱 | 锈病 | 条锈病 | 小麦赤霉病 |
|---|---|---|---|---|---|---|---|---|---|
| 1995 | 484.3 | 2230.8 | 1780.2 | 1246.6 | 1013.8 | 1499.9 | 183.6 | 36.7 | 739.3 |
| 1996 | 426.0 | 2227.6 | 1856.5 | 1481.3 | 991.9 | 1036.4 | 309.4 | 28.9 | 730.5 |
| 1997 | 337.6 | 2204.9 | 2352.7 | 1833.8 | 993.1 | 1882.7 | 695.1 | 439.1 | 780.4 |
| 1998 | 389.1 | 2230.6 | 2038.4 | 2252.3 | 781.7 | 1800.0 | 382.1 | 106.5 | 703.0 |
| 1999 | 438.8 | 2460.1 | 2809.5 | 2569.6 | 1423.6 | 1701.2 | 662.4 | 186.6 | 806.8 |
| 2000 | 453.3 | 1950.6 | 2323.5 | 2468.5 | 1501.8 | 1132.1 | 144.7 | 23.5 | 256.1 |

续表

| 年份 | 稻瘟病 | 纹枯病 | 二化螟 | 三化螟 | 稻卷叶螟 | 稻飞虱 | 锈病 | 条锈病 | 小麦赤霉病 |
|---|---|---|---|---|---|---|---|---|---|
| 2001 | 395.5 | 1701.9 | 2406.7 | 2630.8 | 596.1 | 929.1 | 655.9 | 242.2 | 439.2 |
| 2002 | 354.9 | 1770.8 | 2119.5 | 1667.0 | 1221.5 | 1238.0 | 637.4 | 478.6 | 455.7 |
| 2003 | 453.8 | 1749.9 | 2165.7 | 1109.2 | 2513.0 | 1592.9 | 507.5 | 298.4 | 593.1 |
| 2004 | 625.7 | 2235.1 | 2640.5 | 1105.2 | 2276.4 | 2156.7 | 495.7 | 382.0 | 263.2 |
| 平均 | 435.9 | 2076.2 | 2249.3 | 1836.4 | 1331.3 | 1496.9 | 467.4 | 222.2 | 576.7 |

| 年份 | 小麦白粉病 | 小麦纹枯病 | 玉米螟 | 棉花苗病 | 棉蚜 | 棉铃虫 | 棉红铃虫 | 棉红蜘蛛 | 油菜菌核病 |
|---|---|---|---|---|---|---|---|---|---|
| 1995 | 322.1 | 551.0 | 197.7 | 448.4 | 437.1 | 2297.4 | 1011.4 | 517.3 | 677.2 |
| 1996 | 543.7 | 471.8 | 165.4 | 232.5 | 344.6 | 1466.5 | 928.8 | 491.1 | 716.2 |
| 1997 | 401.1 | 677.8 | 181.5 | 203.2 | 270.1 | 1675.6 | 936.0 | 438.2 | 845.6 |
| 1998 | 412.3 | 992.8 | 196.8 | 195.8 | 377.5 | 1604.2 | 764.2 | 439.6 | 920.8 |
| 1999 | 645.2 | 757.7 | 293.2 | 157.5 | 405.2 | 1293.0 | 574.3 | 402.1 | 1112.8 |
| 2000 | 248.4 | 376.5 | 210.1 | 86.6 | 452.5 | 1324.0 | 743.1 | 531.6 | 971.3 |
| 2001 | 229.0 | 471.2 | 352.9 | 125.7 | 409.7 | 1263.5 | 579.7 | 489.3 | 1002.2 |
| 2002 | 202.5 | 464.3 | 255.7 | 111.8 | 267.8 | 937.1 | 458.9 | 303.4 | 1216.7 |
| 2003 | 157.1 | 418.0 | 445.8 | 118.0 | 421.9 | 949.0 | 449.8 | 493.4 | 1403.2 |
| 2004 | 164.1 | 318.0 | 338.8 | 107.8 | 393.0 | 894.1 | 461.5 | 580.6 | 1026.7 |
| 平均 | 332.6 | 549.9 | 263.8 | 178.7 | 377.9 | 1370.4 | 690.8 | 468.7 | 989.3 |

**(四) 2005—2020 年病虫害发生与防治情况**

1. 农作物病虫发生、防治面积及挽回损失

从 2005 年到 2020 年这十五年间,湖北省农作物病虫害发生总面积处于 30666.96 万亩次 (2019)～37207.54 万亩次 (2014),平均 33260.20 万亩次,比上一阶段提高接近 7000 万亩次;病虫害防治总面积处于 41425.01 万亩次 (2018)～54341.43 万亩次 (2013),平均 47676.39 万亩次,比上一阶段多约 1.5 亿亩次;通过防治挽回粮食损失 3941815.86 吨 (2018)～7262699.09 吨 (2006),平均 4967792.43 吨,挽回损失比上一阶段提高 70%;挽回棉花损失 50884.32 吨 (2019)～253638 吨 (2005),平均 137600.99 吨 (表 B-7)。

表 B-7　2005—2020 年湖北省农作物病虫发生与防治面积、挽回损失统计表

| 年份 | 发生面积(万亩次) | 防治面积(万亩次) | 挽回粮食损失(吨) | 挽回棉花损失(吨) |
|---|---|---|---|---|
| 2005 | 31483.33 | 42058.25 | 4307552.05 | 253638.00 |
| 2006 | 32812.03 | 51187.69 | 7262699.09 | 175004.48 |

| 年份 | 发生面积(万亩次) | 防治面积(万亩次) | 挽回粮食损失(吨) | 挽回棉花损失(吨) |
|---|---|---|---|---|
| 2007 | 34279.27 | 50798.58 | 6156851.40 | 183747.00 |
| 2008 | 34662.76 | 51334.82 | 5713715.38 | 202463.71 |
| 2009 | 33916.66 | 48706.08 | 5334867.74 | 156759.47 |
| 2010 | 32327.06 | 44848.44 | 5668216.90 | 111178.25 |
| 2011 | 31775.44 | 48030.79 | 4664945.16 | 189968.07 |
| 2012 | 36023.57 | 51687.84 | 5327366.61 | 185265.20 |
| 2013 | 35732.44 | 54341.43 | 4844404.56 | 182422.24 |
| 2014 | 37207.54 | 54114.94 | 4817789.91 | 146708.12 |
| 2015 | 35031.31 | 50199.47 | 4759658.32 | 90856.69 |
| 2016 | 31433.46 | 44286.73 | 4312032.18 | 89496.69 |
| 2017 | 32180.92 | 44524.07 | 4239372.40 | 72014.47 |
| 2018 | 31814.95 | 41425.01 | 3941815.86 | 51855.31 |
| 2019 | 30666.96 | 42291.09 | 3994771.47 | 50884.32 |
| 2020 | 30815.43 | 42986.94 | 4138619.84 | 59353.89 |
| 平均 | 33260.20 | 47676.39 | 4967792.43 | 137600.99 |

2. 农作物主要病虫种类和发生面积

从 2005 年到 2020 年这十五年期间,湖北省监测统计的病虫害种类持续增加,总种类达到 180 多种。其中水稻病虫 32 种、小麦病虫 23 种、玉米病虫 28 种、棉花病虫 26 种、油菜病虫 12 种、马铃薯病虫 13 种、花生病虫 14 种、柑橘病虫 20 种、蔬菜病虫 61 种、茶树病虫 11 种。其中重要的粮棉油病虫害 24 种(表 B-8),与上一段时期相比,棉花随着种植面积的减少、抗虫棉的推广,各种棉花病虫害发生面积持续减少,棉红铃虫降至偶发病虫,棉盲蝽上升至主要病虫。水稻病虫中三化螟成为偶发病虫,稻曲病成为水稻上新三虫三病之一。主要病虫害年均发生面积到达 2000 万亩次以上的有水稻纹枯病、二化螟、稻纵卷叶螟和稻飞虱四种,1000~2000 万亩次的有油菜菌核病,年均发生面积达到 500 万亩次的有稻瘟病、小麦纹枯病、赤霉病、小麦锈病、玉米螟、棉铃虫等六种(表 B-8)。

表 B-8　2005—2020 年湖北省粮棉油作物主要病虫害种类及发生面积

单位:万亩次

| 年份 | 稻瘟病 | 纹枯病 | 二化螟 | 三化螟 | 稻纵卷叶螟 | 稻飞虱 | 稻曲病 | 锈病 | 条锈病 | 小麦赤霉病 | 小麦白粉病 | 小麦纹枯病 |
|---|---|---|---|---|---|---|---|---|---|---|---|---|
| 2005 | 635.3 | 2336.8 | 3099.7 | 1112.8 | 2636.4 | 2430.0 | / | 412.2 | 274.5 | 470.9 | 273.4 | 439.7 |
| 2006 | 394.3 | 2381.8 | 2876.8 | 909.4 | 2096.1 | 3472.3 | / | 661.6 | 457.7 | 615.6 | 344.8 | 449.3 |
| 2007 | 491.2 | 2480.9 | 2716.0 | 757.6 | 2874.2 | 4172.7 | / | 477.2 | 208.7 | 337.7 | 653.3 | 572.5 |

续表

| 年份 | 稻瘟病 | 纹枯病 | 二化螟 | 三化螟 | 稻纵卷叶螟 | 稻飞虱 | 稻曲病 | 锈病 | 条锈病 | 小麦赤霉病 | 小麦白粉病 | 小麦纹枯病 |
|---|---|---|---|---|---|---|---|---|---|---|---|---|
| 2008 | 418.0 | 2416.1 | 2661.0 | 770.9 | 3465.3 | 3406.3 | / | 155.8 | 74.7 | 736.3 | 308.3 | 529.2 |
| 2009 | 399.2 | 2573.0 | 2778.0 | 421.7 | 2526.5 | 2771.4 | / | 767.7 | 620.0 | 822.5 | 601.5 | 564.7 |
| 2010 | 560.7 | 2570.5 | 2785.1 | 322.1 | 2139.6 | 2942.5 | / | 310.9 | 190.9 | 821.9 | 617.2 | 653.8 |
| 2011 | 486.2 | 2528.9 | 3013.9 | 317.9 | 1856.3 | 2298.3 | 819.8 | 337.7 | 277.9 | 478.7 | 331.9 | 671.8 |
| 2012 | 854.3 | 2364.1 | 3257.8 | 764.5 | 1605.0 | 3407.8 | 535.5 | 201.3 | 100.6 | 1003.0 | 331.8 | 783.1 |
| 2013 | 608.3 | 2413.6 | 3193.7 | 235.9 | 1537.5 | 3423.2 | 410.3 | 474.2 | 420.4 | 644.5 | 366.0 | 799.5 |
| 2014 | 930.3 | 2536.7 | 2916.1 | 165.2 | 1555.7 | 2915.0 | 757.7 | 562.6 | 486.9 | 1008.6 | 308.8 | 795.7 |
| 2015 | 743.3 | 2628.5 | 3121.0 | 135.1 | 1790.2 | 2759.4 | 653.8 | 838.1 | 701.1 | 1076.6 | 297.1 | 717.3 |
| 2016 | 707.0 | 2457.0 | 2689.2 | 85.2 | 1727.0 | 2018.5 | 392.8 | 399.4 | 256.7 | 1187.1 | 255.0 | 751.9 |
| 2017 | 517.6 | 2433.1 | 2955.1 | 64.1 | 1654.6 | 2486.2 | 442.4 | 1073.8 | 1004.5 | 941.1 | 261.3 | 865.7 |
| 2018 | 418.3 | 2132.2 | 2534.0 | 42.2 | 1469.1 | 2249.5 | 336.7 | 398.8 | 325.4 | 1076.6 | 204.2 | 670.6 |
| 2019 | 317.9 | 2187.8 | 2742.4 | 37.4 | 1327.6 | 2499.4 | 312.0 | 596.2 | 534.1 | 759.0 | 140.0 | 644.9 |
| 2020 | 304.4 | 2268.8 | 2697.9 | 54.0 | 1977.6 | 3466.2 | 308.2 | 1158.4 | 1114.5 | 506.7 | 142.6 | 631.1 |
| 平均 | 549.1 | 2419.4 | 2877.4 | 387.3 | 2014.9 | 2919.9 | 496.9 | 551.6 | 440.6 | 780.4 | 339.8 | 658.8 |

| 年份 | 麦蚜 | 麦蜘蛛 | 玉米螟 | 棉花苗病 | 棉蚜 | 棉铃虫 | 棉红铃虫 | 棉红蜘蛛 | 棉盲蝽 | 枯黄萎病 | 油菜菌核病 | 晚疫病 |
|---|---|---|---|---|---|---|---|---|---|---|---|---|
| 2005 | 164.8 | 330.0 | 341.3 | 110.9 | 386.1 | 1186.6 | 406.9 | 555.4 | 294.1 | / | 1372.1 | / |
| 2006 | 147.5 | 341.7 | 332.4 | 159.2 | 435.0 | 1127.7 | 410.1 | 682.8 | 491.0 | / | 1011.6 | / |
| 2007 | 251.1 | 367.8 | 329.7 | 167.0 | 466.9 | 1034.5 | 326.9 | 627.9 | 456.1 | / | 946.3 | / |
| 2008 | 205.7 | 299.4 | 341.2 | 205.0 | 532.3 | 833.2 | 280.7 | 720.5 | 634.1 | 268.7 | 1256.8 | 133.8 |
| 2009 | 284.8 | 322.0 | 416.6 | 161.2 | 582.0 | 636.3 | 191.8 | 686.3 | 634.5 | 211.0 | 1402.9 | 237.5 |
| 2010 | 182.4 | 310.7 | 520.0 | 102.3 | 533.4 | 633.7 | 155.3 | 563.6 | 696.1 | 184.7 | 1181.9 | 195.1 |
| 2011 | 459.7 | 401.3 | 298.2 | 107.1 | 519.6 | 809.8 | 140.9 | 603.7 | 649.4 | 314.6 | 1138.9 | 114.0 |
| 2012 | 515.3 | 490.8 | 497.4 | 92.2 | 493.5 | 803.7 | 122.5 | 477.3 | 643.6 | 269.4 | 1297.9 | 290.3 |
| 2013 | 430.4 | 509.2 | 513.6 | 97.4 | 503.6 | 675.4 | 161.8 | 516.9 | 565.2 | 220.2 | 1172.1 | 253.3 |
| 2014 | 474.7 | 485.5 | 632.1 | 90.1 | 418.7 | 579.3 | 134.4 | 416.0 | 473.4 | 264.9 | 1353.4 | 276.7 |
| 2015 | 486.0 | 430.5 | 733.5 | 67.4 | 224.2 | 301.3 | 51.5 | 262.3 | 332.9 | 171.6 | 1406.1 | 285.0 |
| 2016 | 302.0 | 395.0 | 664.3 | 59.3 | 168.8 | 191.9 | 31.1 | 196.5 | 258.0 | 162.3 | 1262.8 | 286.4 |
| 2017 | 335.9 | 350.6 | 658.5 | 48.3 | 126.4 | 117.5 | 30.4 | 155.3 | 143.2 | 120.5 | 1302.5 | 296.0 |
| 2018 | 300.0 | 356.0 | 689.4 | 47.7 | 110.6 | 107.5 | 57.0 | 164.4 | 161.4 | 107.2 | 1165.7 | 252.3 |
| 2019 | 211.6 | 232.2 | 721.8 | 47.6 | 100.2 | 107.5 | 48.6 | 143.3 | 128.9 | 56.1 | 1100.9 | 216.0 |
| 2020 | 321.6 | 314.8 | 602.6 | 29.9 | 76.7 | 150.2 | 25.8 | 101.9 | 114.0 | 53.6 | 1054.3 | 204.7 |
| 平均 | 317.1 | 371.1 | 518.3 | 99.5 | 354.9 | 581.0 | 161.0 | 429.6 | 417.2 | 185.0 | 1214.1 | 233.9 |

备注：表中"/"表示该年此项数据缺失或未统计。

## 二、病虫害防治主要措施

农业生产上病虫害防治的主要措施：一是农业防治。二是化学防治，化学防治包括叶面喷药防治、作物种子拌种或包衣处理、土壤消杀处理。三是生物防治，其中包括性诱杀、微生物制剂防病、微生物制剂杀虫、人工释放天敌等。四是物理防治，主要包括灯光诱杀、色板诱杀和食物诱杀、防虫网等。从表 B-9 来看，化学喷施农药一直占主导地位，最近 10 年来稳定在 2 亿亩次左右，种子处理和生物防治、物理防治面积增长迅速（表 B-9）。

### 表 B-9 1989—2020 年湖北农作物主要防治措施面积

单位：万亩次

| 年份 | 播种 | 化防喷施 | 种子处理 | 土壤处理 | 生物防治 | 天敌利用 | 综防示范 |
|------|------|---------|---------|---------|---------|---------|---------|
| 1989 | 10891.4 | 14788.7 | 1286.2 | 697.0 | 745.4 | 340.6 | 1275.8 |
| 1990 | 11041.7 | 10489.4 | 2230.1 | 21.5 | 918.1 | 151.3 | 935.0 |
| 1991 | 8969.3 | 16979.3 | 2143.7 | 142.1 | 1280.5 | 188.4 | 1209.8 |
| 1992 | 8661.2 | 2567.0 | 2039.9 | 0.0 | 1189.5 | 119.5 | 1395.3 |
| 1993 | 10300.3 | 13335.3 | 1352.1 | 216.1 | 1742.8 | 118.5 | 1880.0 |
| 1994 | 5886.1 | 9745.3 | 1151.1 | 913.3 | 697.8 | 277.9 | 3007.9 |
| 1995 | 7711.5 | 19728.6 | 2304.8 | 364.6 | 1571.8 | 556.1 | 1553.7 |
| 1996 | 6487.5 | 13747.7 | 1491.0 | 105.3 | 1571.4 | 263.4 | 1563.4 |
| 1997 | 5059.6 | 9300.7 | 1246.0 | 159.1 | 1235.6 | 202.0 | 1174.0 |
| 1998 | 8217.0 | 20453.8 | 2290.7 | 687.1 | 2993.2 | 304.4 | 1342.3 |
| 1999 | 7346.4 | 12031.0 | 2607.9 | 358.9 | 1683.4 | 208.3 | 1070.0 |
| 2000 | 7132.3 | 13129.6 | 2265.3 | 242.7 | 1478.6 | 330.9 | 835.1 |
| 2001 | 7731.6 | 13830.1 | 1423.4 | 247.1 | 1901.1 | 192.7 | 869.9 |
| 2002 | 6732.2 | 11122.0 | 1411.3 | 697.3 | 848.7 | 104.1 | 787.1 |
| 2003 | 8357.4 | 12022.5 | 2482.9 | 440.6 | 1597.0 | 255.0 | 1871.4 |
| 2004 | 6498.6 | 13399.8 | 1029.3 | 513.4 | 1750.7 | 261.2 | 819.6 |
| 2005 | 6885.5 | 17587.5 | 1391.7 | 1402.5 | 2449.5 | 373.0 | 991.7 |
| 2006 | 9290.7 | 18750.4 | 2100.0 | 807.9 | 3582.0 | 431.3 | 969.2 |
| 2007 | 10450.4 | 27309.5 | 2546.5 | 658.7 | 5443.0 | 517.0 | 1003.5 |
| 2008 | 8180.1 | 22642.8 | 1768.0 | 819.4 | 2876.3 | / | 918.9 |
| 2009 | 7117.4 | 21689.4 | 1843.5 | 580.4 | 2761.7 | / | / |
| 2010 | 5676.7 | 14970.0 | 1573.7 | 750.3 | 1534.4 | / | / |
| 2011 | 9509.0 | / | 1969.9 | 860.6 | / | / | / |
| 2012 | 9026.8 | / | 2834.7 | 852.6 | / | / | / |

续表

| 年份 | 播种面积 | 化防喷施 | 种子处理 | 土壤处理 | 生防面积 | 天敌利用 | 综防示范面积 |
|------|---------|---------|---------|---------|---------|---------|-------------|
| 2013 | 9407.9 | / | 3051.2 | 954.4 | / | / | / |
| 2014 | 9523.4 | / | 2968.3 | 972.0 | / | / | / |
| 2015 | 9561.8 | / | 2983.6 | 663.0 | / | / | / |
| 2016 | 10069.7 | / | 2948.9 | 979.1 | / | / | / |
| 2017 | 10399.8 | / | 3137.3 | 837.1 | / | / | / |
| 2018 | 10037.5 | 19192.5 | 3467.7 | 767.9 | / | / | / |
| 2019 | 11179.9 | 21265.8 | 4116.3 | 833.6 | 8516.5 | 236.7 | 1587.5 |
| 2020 | 11572.6 | 22870.6 | 4410.8 | 899.5 | 8586.0 | 60.2 | 1679.0 |

备注:表中"/"表示该年此项数据缺失或未统计。

## 三、主要病虫发生趋势

随着生活水平的提高,社会需求安全、优质的粮食、蔬菜、水果、油等农产品,生产上优质、高产品种的推广;农村劳力减少,轻简化栽培措施的普及,耕作制度的改革,气候环境的改变;我国对农田持续高强度的生产利用,田间生态环境变差,自然调节功能趋弱等因素都是导致农作物病虫害高发的诱因。从1975—2020年主要病虫发生的情况来看,水稻三虫三病、小麦赤霉病、条锈病等发生呈频次加快、重发年份增多。预计今后粮棉油的主要病虫害仍处于高发、频发态势。

# 参 考 文 献

［1］周月华.湖北省气候业物技术手册［M］.北京:气象出版社,2019.

［2］崔讲学.湖北省公共气象服务手册［M］.北京:气象出版社,2015.

［3］湖北省农业厅,湖北省气象局.农业灾害应急技术手册［M］.武汉:湖北科学技术出版社,
    2009.

［4］崔讲学.华中区域气候变化评估报告［M］.北京:气象出版社,2014.

［5］崔讲学.湖北省气象志(1979—2000)［M］.北京:气象出版社,2009.

［6］中国可持续发展研究会.中国自然灾害与防灾减灾知识读本［M］.北京:人民邮电出版社,
    2012.

［7］王静爱.中国自然灾害时空格局［M］.北京:科学出版社,2006.

［8］李元秀.灾害应对知识一本通［M］.北京:企业管理出版社,2013.

［9］戴风秀.防灾减灾战略与对策［M］.北京:军事科学出版社,2013.

［10］谢永刚.中国模式:防灾救灾与灾后重建［M］.北京:经济科学出版社,2015.

［11］夏明方.20世纪中国灾变图史［M］.福州:福建教育出版社,2001.

［12］李文海,程啸,刘仰东,等.中国近代十大灾荒［M］.北京:人民出版社,2020.

［13］陈雪英,毛振培.长江流域重大自然灾害及防治对策［M］.武汉:湖北人民出版社,1999.

［14］梁晓楠.自然灾害知识读本［M］.贵阳:贵州科技出版社,2015.

［15］中国气象局政策法规司.2017气象标准汇编［M］.北京:气象出版社,2018.

［16］郑功成.多难兴邦:新中国60年抗灾史诗［M］.长沙:湖南人民出版社,2009.

［17］黄健民,徐之华.气候变化与自然灾害［M］.北京:气象出版社,2005.

［18］高广金.一年农时农事农技早知道［M］.武汉:湖北科学技术出版社,2007.

［19］杨艳斌,高广金.湖北农事旬历指导手册［M］.武汉:湖北科学技术出版社,2019.

［20］彭广.气候影响评价［M］.北京:气象出版社,2016.

［21］郝克俊.人工影响天气安全管理探索［M］.北京:气象出版社,2016.

［22］田勇.焦金流石:旱灾与高温的防范自救［M］.石家庄:河北科学技术出版社,2014.

［23］田勇.浊浪滔天:洪水的防范自救［M］.石家庄:河北科学技术出版社,2014.

［24］段英.冰雹灾害［M］.北京:气象出版社,2009.

［25］谢宇.龙卷风［M］.石家庄:花山文艺出版社,2013.

［26］任久江,王均涛.农业减灾指南［M］.北京:中国农业出版社,1996.

［27］谢宇,李翠.天气与气候［M］.石家庄:河北少年儿童出版社,2012.

［28］王延龄.气象与自然灾害［M］.石家庄:河北科学技术出版社,2012.

［29］李金水.中华二十四节气知识全集［M］.北京:当代世界出版社,2012.

［30］湖北农业地理编写组.湖北农业地理［M］.武汉:湖北人民出版社,1980.

［31］湖北农村统计年鉴编辑委员会.湖北农村统计年鉴［M］.北京:中国统计出版社,2020.

［32］中华人民共和国农业部.中国农业统计资料［M］.北京:中国农业出版社,2017.

［33］国家统计局农村社会经济调查司.中国农村统计年鉴［M］.北京:中国统计出版社,2020.

［34］史少甫.农业灾害实例剖析［M］.北京:中国农业大学出版社,2017.

［35］高广金,李求文.马铃薯主粮化产业开发技术［M］.武汉:湖北科学技术出版社,2016.

［36］姜会飞.农业气象学［M］.2版.北京:科学出版社,2013.

［37］杨晓光,李茂松,霍治国.农业气象灾害及其减灾技术［M］.北京:化学工业出版社,2010.

［38］林新杰.自然灾害与环保:洪灾［M］.北京:测绘出版社,2015.

［39］戚自荣,张庆.农业气象灾害与蔬菜生产［M］.北京:中国农业科学技术出版社,2018.

［40］王维金.作物栽培学［M］.北京:科学技术文献出版社,1998.

［41］高广金.玉米栽培实用新技术［M］.武汉:湖北科学技术出版社,2010.

［42］中华人民共和国农业农村部市场信息司.中国农村经济统计资料(1949—1996)［M］.北京:中国农业出版社,1997.

［43］中华人民共和国农业部.中国农业统计资料(1997—2016)［M］.北京:中国农业出版社,1998—2017.

［44］国家统计局农村社会经济调查司.中国农村统计年鉴(2017—2020)［M］.北京:中国统计出版社,2018—2021.